中国气象局气象干部培训学院
基层台站气象业务系列培训教材

天气雷达探测与应用

主　编　袁　薇

气象出版社
China Meteorological Press

图书在版编目(CIP)数据

天气雷达探测与应用/袁薇主编. — 北京:气象
出版社,2018.4
基层台站气象业务系列培训教材 / 高学浩主编
ISBN 978-7-5029-6750-5

Ⅰ.①天… Ⅱ.①袁… Ⅲ.①气象雷达-技术培训-
教材 Ⅳ.①TN959.4

中国版本图书馆 CIP 数据核字(2018)第 055782 号

天气雷达探测与应用

袁薇 主编

出版发行:气象出版社

地　　址:北京市海淀区中关村南大街 46 号　　　邮政编码:100081
电　　话:010-68407112(总编室)　010-68408042(发行部)
网　　址:http://www.qxcbs.com　　　E-mail:qxcbs@cma.gov.cn
责任编辑:张　斌　　　　　　　　　　终　审:吴晓鹏
封面设计:燕　彤　　　　　　　　　责任技编:赵相宁
印　　刷:中国电影出版社印刷厂
开　　本:787 mm×1092 mm　1/16　　　印　张:11.5
字　　数:294 千字
版　　次:2018 年 4 月第 1 版　　　印　次:2018 年 4 月第 1 次印刷
定　　价:70.00 元

《基层台站气象业务系列培训教材》
编写委员会成员

主　任　　高学浩

副主任　　姚学祥　肖子牛

委　员（按姓氏笔画排列）

马舒庆　王　强　邓北胜　孙　涵　成秀虎

余康元　张义军　李集明　陈云峰　郑江平

俞小鼎　姜海如　胡丽云　赵国强　曹晓钟

章国材　章澄昌

编写委员会办公室成员

主　任　　邹立尧

副主任　　刘莉红　申耀新

成　员（按姓氏笔画排列）

刘晓玲　马旭玲　孙　钢　张　斌　李玉玲

李余粮　李志强　侯锦芳　胡宜昌　胡贵华

赵亚南　高　婕　黄世银　彭　茹　韩　飞

《天气雷达探测与应用》编写人员

主　　编　袁　薇

参编人员　张雅乐　王晨曦　郭　艳　王腾蛟

总　　序

　　《国务院关于加快气象事业发展的若干意见》(国发〔2006〕3号)提出,要按照"一流装备、一流技术、一流人才、一流台站"的要求,以增强防灾减灾能力、保护人民群众生命财产安全以及满足气候变化国家应对需求为核心,为构建社会主义和谐社会、全面建设小康社会提供一流的气象服务,实现全社会气象事业的协调发展。

　　基层气象台站是气象工作的基础。中国气象局党组历来高度重视基层气象台站的建设,并始终将其摆在全局工作的重要位置,特别是进入21世纪以来,中国气象局党组强化领导,科学规划,大力推进,不断完善利于基层气象台站发展的政策措施,不断改善基层气象台站的发展环境,不断加大对基层气象台站发展的投入力度,基层气象台站建设取得了明显成效。例如,气象现代化装备和技术在基层气象台站得到广泛应用,气象观测能力显著提高,气象服务能力和效益显著提高,气象队伍素质显著提高,台站工作生活环境和条件显著提高,在保障地方经济社会发展中作用显著提高,地方党委、政府对气象工作的认识也显著提高。可以说,基层气象台站发展面临的形势和机遇前所未有,挑战和任务也前所未有。与经济社会发展对气象预报服务越来越多的需求相比,基层气象台站的气象预报服务能力和水平还难以适应,差距较大,特别是气象服务能力和气象队伍整体素质不适应的问题越来越突出。为此,中国气象局从2009年起开展了全国气象部门县级气象局长的轮训,力图使他们通过培训,能够以创新的思维和求真务实的作风,破解基层气象台站建设与发展中难题的思路和方法,这样轮训的实际效果超出了预期。

　　做好基层气象工作,推进一流台站建设,既要有一支政治和业务素质高的领导干部队伍,也要有一支踏实肯干、敬业爱岗、业务素质高的气象业务服务队伍,这是新时期加强基层气象工作、夯实气象事业发展基础的必然要求。为此,中国气象局培训中心组织有关教师和业务一线专家,从基层气象台站实际出发,以建设现代气象业务和一流台站的要求为目标,编写了《基层台站气象业务系列培训教材》。这套教材涵盖了地县级气象业务服务工作领域,体现"面向生产、面向民生、面向决策"的气象服务要求。我相信,这套教材的编写、出版,将会受到广大基层气象台站工作者的广泛欢迎。我希望,各地气象部门要充分利用好这套教材,通过面授、远程培训等方式,做好基层气象工作者的学习培训工作。我也借此机会,向为这套教材的编写、出版付出努力的专家学者和编辑人员表示衷心的感谢。

郑国光

2010 年 12 月于北京

丛书前言

基层气象工作是整个气象工作的基础,是发展现代气象业务的重要基石。抓基层、打基础是建设中国特色气象事业、实现"四个一流"建设目标的重要任务。基层气象台站承担着繁重的气象业务、服务和管理任务,是气象科技转化成防灾减灾效益的前沿阵地。

全国气象部门现有 2435 个县级基层台站、14050 个乡村信息服务站,36％的在编职工、45％的编外人员和 37.5 万名气象信息员工作在基层,努力提高基层人才队伍综合素质是当前和今后一段时期气象教育培训面临的一项重要而紧迫的任务。为了全面开展面向基层台站人员的培训工作,加快提高基层台站人员的总体素质,我们根据现代气象业务体系建设对基层气象台站业务服务和管理的总体要求,组织编写了《基层台站气象业务系列培训教材》。

这套教材立足于为基层职工奠定扎实的气象业务理论基础和技术基础,全面提升基层职工岗位业务能力,内容涵盖了地、县级气象业务的主要领域,包括综合观测、分析预测、应用气象、气候变化、气象服务、人工影响天气、雷电灾害防御、信息技术、装备保障、综合管理和气象科普等。教材的编写遵循针对性、实用性、先进性和扩展性的原则,尽可能为基层气象台站人员的学习或省级培训机构培训提供一套实用的系列培训参考教材。

《基层台站气象业务系列培训教材》共分 16 册,分别是《地面气象观测》《高空气象观测》《天气雷达探测与应用》《卫星遥感应用》《天气预报技术与方法》《雷电防护技术及其应用》《人工影响天气技术与管理》《农业气象业务》《气候与气候变化基础知识》《气候影响评价》《气象灾害风险评估与区划》《风能太阳能开发利用》《基层台站气象服务》《气象台站信息技术应用》《台站气象装备保障》和《县级气象局综合管理》。这套系列培训教材计划用两年左右时间完成,并将随着现代气象业务技术的不断发展随时进行修订和补充。

这套系列教材的编写凝聚了多方的智慧,各省级气象部门、相关高等院校及气象行业的专家、学者以及众多气象部门的领导参加了该套教材的编写与审定工作,《基层台站气象业务系列培训教材》编委会办公室做了大量细致的组织工作,在此,我对他们为此付出的辛勤劳动表示衷心的感谢。由于开展这项工作尚属首次,肯定存在诸多不尽如人意之处,诚挚地欢迎大家提出宝贵意见!

高学浩

2010 年 12 月于北京

前　　言

　　《天气雷达探测与应用》是全国气象部门基层台站气象业务系列培训教材之一,主要为地市级和县级气象局预报员提供预报业务培训教材,同时也可为使用多普勒天气雷达进行强对流分析的天气预报业务人员,以及大气科学领域的本科生、研究生和科研人员提供参考。

　　本书第1章介绍雷达的发展历程,我国新一代天气雷达观测环境的基本原则、规范及存在的主要问题,新一代天气雷达的系统结构和功能,以及我国新一代天气雷达的组网基本原则和相关产品。第2章介绍多普勒天气雷达的原理,并对影响雷达数据质量的基本原因和质量控制的基本方法进行介绍。第3章介绍新一代天气雷达基本图像的识别方法,包括反射率因子图像和平均径向速度图像的识别。第4章介绍对流风暴的分类及雷达回波特征,依次对普通单体风暴、多单体风暴和超级单体风暴的生成环境及其对应的回波特征进行讲述。第5章重点介绍雷暴产生的环境条件以及几种典型强对流天气(强冰雹、雷暴大风、短历时强降水和龙卷)的新一代天气雷达探测和预警。附录包括本书常用名词索引,以及以新一代天气雷达为基础的两种气象业务系统简介。

　　编写中,本书对概念性、原理性的描述尽量言简意赅,采用和制作尽量新的个例和资料图表,更重视新一代天气雷达在业务预报和预警中的实用性。

　　本书的编写工作由中国气象局气象干部培训学院组织,干部学院业务培训部牵头承担。编写组由袁薇、张雅乐、王晨曦、郭艳、王腾蛟组成。本书第1章由袁薇、张雅乐编写,第2章由张雅乐编写,第3章由王晨曦编写,第4章由袁薇、王腾蛟编写,第5章由袁薇、郭艳、王腾蛟、王晨曦编写,附录由袁薇、张雅乐、王晨曦编写。

　　本书在编写过程中得到了多位专家的指导和帮助。俞小鼎教授为本书的编写给予了支持和指导,俞小鼎教授、周小刚教授为本书提供了素材,在此表示衷心的感谢。

　　本书难免有错漏之处,敬请诸位提出宝贵意见和建议。

编者

2016 年 12 月

目　录

第1章 多普勒天气雷达简介

学习要点

　　本章介绍雷达的发展历程,我国新一代天气雷达观测环境的基本原则、规范及存在的主要问题,新一代天气雷达的新技术,新一代天气雷达的系统结构和功能,我国新一代天气雷达的组网基本原则和相关产品。

　　雷达(RADAR,radio detection and ranging)意为"无线电探测和测距"。雷达辐射电磁波,利用物体对电磁波的反射,通过接收回波发现目标物,获得目标至电磁波发射点的距离、径向速度、方位、高度等信息。雷达的出现始于第二次世界大战期间,1935 年 2 月,英国人为了防御敌机对本土的攻击,开始了第一次实用雷达实验。

　　1941 年,英国最早使用雷达探测风暴。1942—1943 年,美国麻省理工学院专门设计了为气象目的使用的雷达。在气象雷达发展初期,雷达都靠手工操作,回波资料只能作定性分析。到第二次世界大战后期,雷达技术已经相当先进,科学家开始使用战后盈余的雷达进行天气研究和监控。由于天气雷达主要是由军用警戒雷达改装而成的模拟信号和模拟显示图像雷达,观测资料的存储采用照相方法,对资料的处理仍是事后的人工整理和分析。20 世纪 60 年代开始采用多普勒技术,气象多普勒雷达开始具备对大气流场结构的定量探测能力。70 年代,天气雷达系统采用数字技术提供数字化的观测数据,并且运用计算机对探测数据进行再处理,形成多种可供观测员和用户直接使用的图像产品数据,使雷达对天气的监测由定性描述上升到定量描述水平。20 世纪 80 年代之前,常规天气雷达都属于非相干雷达,只能用来探测回波的位置及强度。80 年代初,美国率先开始研制全相干脉冲多普勒天气雷达,到 1988 年批量生产,基于此组成的美国下一代天气雷达网(NEXRAD)作为美国气象现代化的重要组成部分开始实施。

　　到 20 世纪末,随着国际天气雷达技术发展的新趋势和国家需求的增长,我国确定了发展新一代多普勒天气雷达的思路,并相应制定了新一代多普勒天气雷达功能规格需求。此阶段,我国多普勒天气雷达的研制和应用水平得到了极大提高,与发达国家在技术和应用上的差距大大缩短。

　　天气雷达是探测降水系统的主要方式,是对强对流天气进行监测、预警的主要工具之一。天气雷达间歇性地向空中发射脉冲式电磁波,以接近光波的速度和近似于直线的路径在大气中传播,当遇到气象目标物时,脉冲电磁波被气象目标物散射,其中后向散射返回雷达的电磁波,就是通常所说的"反射率"(回波信号)。"反射率"用来表示气象目标的强度,可以反映气象目标内部降水粒子大小、形状和密度分布等。当雷达收到返回的这部分能量后,交由计算机进行分析,确定目标物的位置、降水强度、风速和风向的信息,最后以图像的形式展现给用户。

常规天气雷达的探测原理是利用云雨目标物对雷达所发射电磁波的散射回波来测定其空间位置、强弱分布、垂直结构等。新一代多普勒天气雷达除能起到常规天气雷达的作用外,还可以利用物理学上的多普勒效应来测定降水粒子的径向运动速度、速度谱宽和导出产品。径向运动速度可用于推断降水云体的移动速度、风场结构特征、垂直气流速度,帮助产生、调整和更新高空分析图等。速度谱宽数据是对速度离散量的度量,可提供由于风切变、湍流和速度样本质量引起的平均径向速度变化的观测,也可用来确定边界(密度不连续面)位置、估计湍流大小及检查径向速度是否可靠。导出产品是雷达产品生成系统根据基本数据资料通过气象算法处理后得到的产品,如相对于风暴的平均径向速度图、强天气分析、组合反射率因子、回波顶、剖面产品等。

1.1　我国新一代天气雷达概述

我国从 20 世纪 90 年代后期开始布网建设新一代多普勒天气雷达(CINRAD,China new generation Doppler weather radar)。截至 2016 年底已经完成了全国 233 部新一代天气雷达建设。已建成的新一代多普勒天气雷达主要分 S、C 两种波段,S 波段多普勒天气雷达有 CIN-RAD/SA、CINRAD/SB、CINRAD/SC 等;C 波段多普勒天气雷达有 CINRAD/CB、CINRAD/CC、CINRAD/CD 和 CINRAD/CCJ 等。S 波段雷达主要分布在沿海地区及主要降雨流域,C 波段雷达主要分布在内陆地区(图 1.1)。

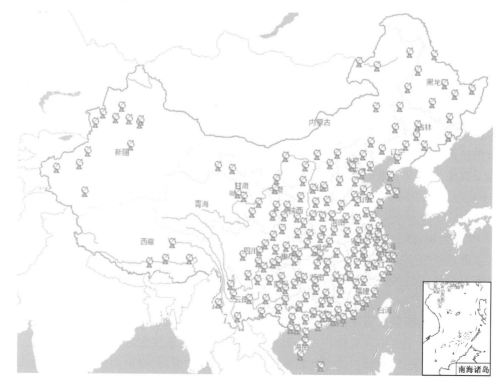

图 1.1　我国新一代天气雷达布网

天气雷达的建设明显改善了台风、暴雨和强对流等灾害性天气的监测能力和预报准确性。其业务化应用使短时临近预报的准确率在现有基础上提高了 $3\%\sim5\%$，时效提高几十分钟至数小时，显著提高了短临预报的效益，极大减少了灾害性天气带来的经济损失。同时，天气雷达在人工影响天气业务，以及北京奥运会、上海世博会、南京青奥会、神舟飞船发射和回收等重大活动气象保障服务中发挥了不可替代的作用。风廓线雷达能够提供风场演变信息，为灾害性天气监测、预报、航空安全和航线选择提供了依据。

天气雷达网的建设推动了我国气象业务软件的自主研发及相关行业的发展。其中，新一代天气雷达建设业务软件系统（ROSE1.0）是我国 CINRAD 业务雷达的通用软件平台，能够提升雷达数据质量，完善雷达产品算法，所提供产品能够更好地服务于天气分析。灾害天气短时临近预报预警系统（SWAN1.6）能生成雷达拼图产品，并能将雷达观测数据与其他观测数据融合，计算山洪沟、中小河流面雨量及地质隐患点雨量，生成风险等级产品，为临近预报业务提供技术支撑。

天气雷达资料已初步应用于数值预报业务。天气雷达、风廓线雷达资料已试用在国家级和华北、华东等区域气象中心的数值预报系统中，使 $0\sim6$ 小时中雨预报准确率提升近 10%。基于天气雷达探测产品的临近预报制作与发布，初步提供了协同运行决策、大面积航班延误响应机制决策等气象服务产品。天气雷达的探测产品，提升了防汛防台风工作中的实时监测能力和航空预警预报的准确率。

1.2　我国新一代天气雷达观测环境简介

1.2.1　新一代天气雷达观测环境的基本原则

新一代天气雷达观测的主要目的是监测和预警灾害性天气。探测重点是热带气旋、暴雨、冰雹、雷雨大风、龙卷、雪暴、沙尘暴以及其他天气系统中的中小尺度结构等。为防灾减灾、保护人民生命财产安全，为短临预报预警提供科学决策依据，雷达站观测环境应符合以下基本要求：

（1）站址周围无高大建筑物、高大树木、山脉等遮挡。在雷达主要探测方向上（天气系统的主要来向）的遮挡物对天线的遮挡仰角不应大于 $0.5°$，其他方向的遮挡角一般不大于 $1°$。

（2）雷达天线所在位置以经度、纬度、海拔高度表示，经纬度定位精度应小于 $3''$，海拔高度测量误差应小于 5 m。

（3）建站时应绘制四周遮挡角分布图，以及距测站 1 km 高度和海拔 3 km、6 km 高度的等射束高度图。观测环境发生变化应重新绘制遮挡角分布图、等射束高度图，并上报上级业务主管部门。

（4）雷达站周围不能有影响雷达工作的电磁干扰。

（5）雷达站应具备必要的通信、水、电、路和消防设施，人员生活基本条件及自备供电能力。

1.2.2　新一代天气雷达观测规范

新一代天气雷达观测是气象业务观测的重要组成部分，新一代天气雷达观测业务包括雷达开机，数据采集、处理、存储、传输、整编、归档，编制各种雷达观测报表，观测环境的保护，雷达参数测量和标校,雷达系统的维护和检修等内容。

新一代天气雷达观测需要按基本观测程序进行:(1)雷达开机前应当检查电源电压、天线位置,并确保天线附近无人,严防天线转动和微波辐射对人体的伤害;(2)开机时应当检查系统中各项设置是否符合要求,检查雷达各分机是否处在正常工作状态,检查雷达系统的产品生成、使用终端及通信网络等是否正常,并按照规定步骤开机;(3)雷达进入正常运行状态后,确定观测模式;(4)雷达系统运行过程中,雷达工作人员应注意监视运行状况;(5)业务工作人员必须注意回波演变,监视重要天气的发生发展,及时向上级部门和有关单位报告灾害性天气的监测和预警信息;(6)雷达工作人员应当及时存储数据,生成和传送规定产品;(7)观测结束时应当按规定步骤关机;(8)因设备维护或故障等原因雷达不能正常工作时,工作人员应报上级主管部门,并通报用户和有关服务单位。

新一代天气雷达观测采用北京时。计时方法采用 24 小时制,计时精度为秒,观测资料的记录时间从 00:00:00 到 23:59:59。观测用的钟表和计算机每天至少对时一次,保证计时准确。在非汛期观测时段,应当每天从 10 时到 15 时进行连续观测,艰苦雷达站根据实际情况可酌情进行观测,并报中国气象局备案;在雷达监测范围内,预测和发现天气系统时应开机进行连续观测,直至天气过程结束;各雷达站应根据当地气象服务需求,增加观测时次或进行连续观测。在汛期观测时段内,新一代天气雷达应当全天时连续立体扫描观测。

新一代天气雷达观测资料的传输与分发必须按有关规定向国家、省级气象信息中心传送,并向有关单位分发。雷达拼图时次、文件命名、数据压缩格式需要按照全国雷达拼图规定执行。

雷达观测基数据是长期性保存的气象资料,要以文件形式存档。雷达观测基数据是包括以极坐标形式排列的方位、仰角、时间、反射率因子、径向速度、速度谱宽以及采样时的雷达参数等信息的数据集。对于雷达资料基数据文件和典型个例资料还需要按相关要求进行整编,并按规定归档到省级气象档案部门,雷达站同时备份保存。

雷达硬件设备和软件系统应当进行日巡查和周、月、年维护与保养,配套的发电机每月至少启动一次,保障新一代天气雷达的正常运行。雷达站汛期观测开始前,应当对雷达系统进行一次全面的检查维护。汛期观测期间,周、月维护应选择在本站监测范围内无重要天气过程时段内停机进行。新一代天气雷达站业务工作人员必须填写天气雷达值班日记,保存在本站备查。

1.3 新一代天气雷达系统结构和功能

1.3.1 新一代天气雷达系统结构

新一代天气雷达的主要子系统包括雷达数据采集子系统(RDA,radar data acquisition)、雷达产品生成子系统(RPG,radar product generation)和主用户终端子系统(PUP,principal user processor),以及连接它们的通信线路。

1.3.1.1 雷达数据采集子系统(RDA)

RDA 是用户所使用的雷达数据的采集单元。它的主要功能是产生和发射射频脉冲,接收目标物对这些脉冲的反射能量,通过数字化形成基本数据。RDA 同时还要对回波信号进行模数转换、地物杂波抑制和距离去折叠处理,形成雷达基数据。

RDA 由发射机、天线、接收机和信号处理器四部分构成。

（1）发射机

为获取雷达数据，首先由发射机产生短促又强大的特高频振荡，经天线向空间发射出去，即射频脉冲信号。产生的每个脉冲必须具有相同的初位相，保证回波信号中的多普勒信息能够被提取。

（2）天线

天线的作用是将发射机产生的射频信号以波束的形式发射到大气并接收返回的能量。CINRAD-SA 天线仰角的变化范围为 −1°～90°。天线仰角的设置取决于天线的扫描方式、体扫模式（VCP,volume cover pattern）和工作模式。雷达的工作模式决定了使用哪种体扫模式，而体扫模式又确定了具体的扫描方式。雷达操作员不能手动调节天线仰角，天线仰角只能通过上述三要素预设。

扫描方式指雷达在一个体积扫描中使用多少个仰角和时间。在 RDA 中，天线的扫描方式已经预先设定。CINRAD-SA 雷达天线首先从最低仰角发出几分之一秒的脉冲，然后接收回波信号，接着继续在最低仰角旋转并重复以上发射接收步骤。当雷达完成一周 360°扫描后，天线抬升至下一个高度的仰角继续上述过程。CINRAD-SA 使用三种扫描方式：5 分钟完成 14 个不同仰角上的扫描（14/5）；6 分钟完成 9 个不同仰角上的扫描（9/6）；10 分钟完成 5 个不同仰角上的扫描（5/10）。

新一代天气雷达为避免过多的地物杂波影响，扫描的最低仰角从 0.5°开始而非 0.0°，为避免垂直气流的影响，最高仰角到 19.5°。仰角低于 19.5°时，雷达测量的径向速度可以认为是水平气流（风）沿着雷达的投影，忽略垂直气流的影响。严格讲，在 19.5°仰角，如果水平气流和垂直气流同样大小，则水平气流对径向速度的贡献为 67%，垂直气流为 33%，是不能完全忽略的，只有在 6°以下仰角，垂直气流对径向速度的贡献小于 10%，才可以完全忽略垂直气流的影响。只有这样，径向速度特征才会有比较明确的物理意义。19.5°仰角以上没有观测的区域称为静锥区，如图 1.2 所示。

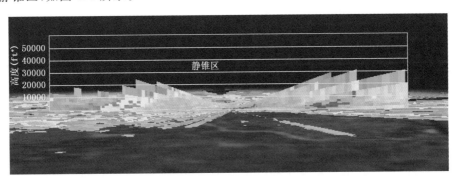

图 1.2　反射率因子剖面图中的静锥区示意图

体扫模式（VCP）指几个到十几个不同仰角的扫描组合。在一定的体扫模式（VCP）下，雷达按顺序连续扫描，可得到间隔时间一定、连续不断的体扫资料。WSR-88D 目前定义了 4 个体扫模式：VCP11、VCP21、VCP31 和 VCP32。WSR-98D 没有定义 VCP32。

＊1 ft＝0.3048 m,下同。

WSR-98D 使用降水和晴空两种工作模式。降水模式在降水发生或预计发生的区域使用，在这种模式下，雷达选择多仰角扫描的 VCP11 或 VCP21 体扫模式(图 1.3)，相应的扫描方式分别为 14/5 和 9/6。晴空模式用于没有明显降水回波的地区，一般只对低仰角进行扫描，体扫模式选择 VCP31，扫描方式为 5/10。

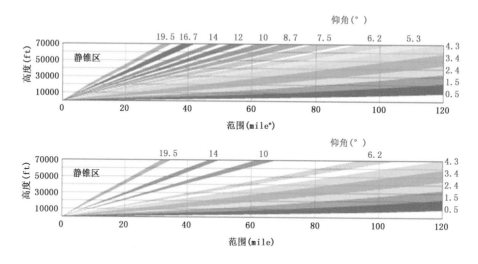

图 1.3　体扫模式 VCP11(上)和 VCP21(下)

(3)接收机

天线接收返回(后向散射)能量把信号传送给接收机。接收机收到的回波能量很小，由接收机放大后以模拟信号的形式传送给信号处理器。

(4)信号处理器

接收到接收机传来的模拟信号后，信号处理器完成三个重要的功能：消除地物杂波，模拟信号向数字化的基本数据的 A/D 转换，多普勒数据的去距离折叠处理。

1.3.1.2　雷达产品生成子系统(RPG)

雷达产品生成子系统是控制整个雷达系统的指令中心，具有多项功能：(1)对来自 RDA 的数字化基数据进行质量控制和预处理，生成各种产品；(2)运行监控，自动报警；(3)对原始数据和产品数据进行存档，分发；(4)RDA、RPG、PUP 之间的宽带和窄带通信。

RPG 可根据雷达操作员指令产生所需产品。产品分为基本产品和导出产品。基本产品是由基数据直接形成的各仰角上不同分辨率的反射率因子、径向速度和基本谱宽产品。导出产品是由基数据通过 RPG 中的产品算法形成的分析产品，生成的数据流程如图 1.4 所示。

雷达控制台 UCP 是 RPG 的操作界面，可实时对 RPG 和 RDA 进行控制，具有应用终端和系统控制台的双重功能。UCP 采用窗口界面，如图 1.5 所示，主要命令集成在菜单和工具栏中，使用这些命令可实现对 RPG 和 RDA 的有效控制。UCP 为雷达操作员提供了一个可以与 RPG 和 RDA 系统进行人机交互的界面，实现文件维护、文件和数据的备份以及软件安装等功能。

＊1 mile＝1.609 km，下同。

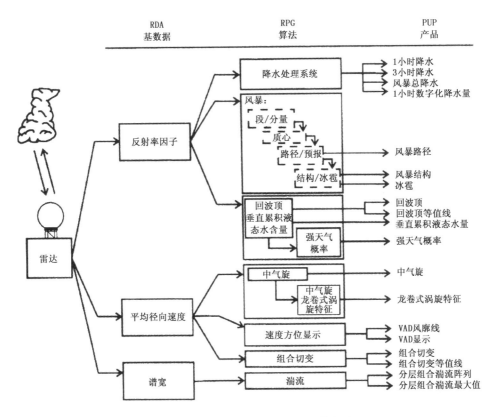

图 1.4　多普勒天气雷达产品生成数据流

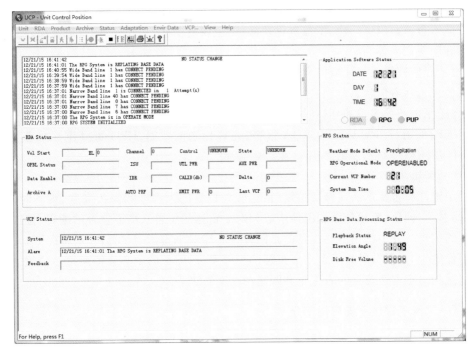

图 1.5　多普勒天气雷达 UCP 窗口界面

UCP 可对 RDA(须经 RDA 计算机授权)、宽带通信和 RPG 进行直接控制,还可通过直接控制窄带通信来间接控制用户。UCP 对 RDA 的控制包括控制电源选择、改变体扫模式、重启 RDA、数据传输选择。UCP 对 RPG 的控制包括控制通信、关闭 RPG、自由文本信息、雷达状态监测。

1.3.1.3　主用户处理器(PUP)

主用户处理器是主用户终端,用来接收 RPG 生成的气象产品数据和状态信息,并以图形方式提供给预报人员作天气分析和预报使用。PUP 的主要功能有以下五项:

(1)产品请求和控制

PUP 本地产品库的产品都是通过产品请求获取的,产品请求是指 PUP 通过专线或拨号网络向 RPG 请求所需产品。PUP 可通过以下三种方式获取产品:常规产品集请求 RPS;一次性产品请求 OTR;产品－预警配对 PAP。

(2)产品接收和存储

PUP 接收到从 RPG 发送来的产品都会在通信状态监测窗口中提示操作员,用户可以根据需要将产品保存在相应的目录下,产品被保存在本站子目录期限的最大值是 7 天。PUP 产品数据可以转换成标准的图像格式(如 gif),通过通信线路传给其他相邻台站和省级或国家级预报中心。

(3)产品显示

图形产品显示的方式包括自动显示和通过检索显示。自动显示指请求的产品数据一传到 PUP 就自动显示出来。通过检索显示实际上就是从本地数据库中选择满足用户需求的产品。图形产品显示的形式包括极坐标形式(可加背景地图)、格点形式(垂直剖面和风廓线等)、表格形式(字符形式的属性表叠加在地理形式的产品上)。通过 PUP 系统可对图形做如下处理:放大、预置中心、重置中心、窗区中心、过滤功能(单色过滤、向上过滤和向下过滤)、合并功能(向上合并和向下合并)、闪烁功能、图像灰化功能、颜色恢复功能、动画显示、图像叠加、光标连接、叠加地图和隐藏产品等。

(4)有选择监视强天气地域能力,并做出警报

状态监视包括通信状态监视和雷达系统状态监视。通信状态监视窗口显示 PUP 接收到从 RPG 发送来的产品名单和到达时间。雷达系统状态监视包括显示天气模式、RDA 可操作性状态、VCP、仰角数、RDA 状态、RDA 报警、允许传输的数据、RPG 可操作性状态、RPG 报警、RPG 状态、RPG 窄带、反射率因子标定校准等。

(5)产品编辑注释

产品编辑注释包括产品注释的编辑(雷达所处位置的经纬度和海拔高度、观测时间、天气模式、产品名称、仰角、色标分级和图像中心相对于雷达的位置)、剖面位置的编辑、警报区的确定和地图的编辑。其中特别需要注意的是图像中心相对于雷达的位置,一般情况下,雷达的位置就是图像的中心,但有时为了突出感兴趣的天气系统,图像的中心会偏离雷达位置。图像中心位置通过相对于雷达位置的方位角和距离两个参数来表示。

1.3.2　新一代天气雷达系统应用简介

新一代天气雷达发射出电磁波,电磁波遇到空气中的雨滴、云滴、冰晶、雪花等发生散射,返回的电磁波被雷达天线所接收并显示在屏幕上,根据回波图像可以得知大气中降水的强度、

分布、移动和演变情况,以此了解天气系统的结构和特征。通常情况下,雷达回波强度与降水强度具有相同的概率分布。气象台站会收集和统计不同地区、不同降水类型和不同降水强度的雨滴谱,也就是单位体积内各种大小雨滴的数量随其直径的分布,然后找到不同类型降水的回波强度与其对应的降水强度之间的关系,比如层状云降水、对流云降水、地形云降水、干雪和湿雪等,这样就可以得到一组经验公式,用来定量估测降水。雷达估测降水的方法利用 Z-R 关系确定降水强度,运用雷达回波的统计特征和降水之间直接建立关系。无论使用何种降水估测方法,雷达测雨都会存在一定的误差,特别是大范围降水估计,主要是受到雷达本身精度的限制,还受到雷达电磁波的波长、雨滴谱变化和 Z-R 关系的不确定性、雷达探测高度以下的反射因子变化、地物杂波阻挡等方面的影响。为了消减误差,须逐个排除各个因素的影响,需要对 Z-R 关系式进行订正,也要提高雷达性能以获得更多的云物理信息。

新一代天气雷达系统具有获取降水区风场信息的能力,可以监测恶劣天气带来的灾害。该系统对降水区内风场信息的获取距离大于 200 km,对造成风害的强天气监测和识别的距离大于 150 km,可以准实时地提供较准确的径向风场分布数据,尽早识别飑线、龙卷、下击暴流等造成风害的灾害性天气。新一代天气雷达系统具有一定的晴空探测能力,可获取风暴前环境风场的信息,经过处理预测未来天气的演变。我国新一代天气雷达系统中的垂直风廓线产品被广泛用于分析急流、冷暖平流、垂直风切变、辐合辐散等。

新一代天气雷达系统具有探测范围广、灵敏度高、采集信息多等特点,同时具有高时空分辨率,不但能够探测降水和云体的回波结构,还可以探测降水云体内风场结构,揭示强对流系统内部流场分布,提供多种强天气监测预警产品:中尺度气旋自动识别、龙卷涡旋自动识别、风暴路径自动识别、雹云自动识别、暴雨自动识别、下击暴流自动识别、大风自动识别、阵风锋自动识别、飑线自动识别、逆风区自动识别。对灾害性天气,如暴雨、暴雪、飑线、冰雹、龙卷、登陆台风等的监测具有独特优势,对灾害性天气的监测和预警具有其他探测手段不可替代的优势。

新一代天气雷达系统具备丰富的智能型应用软件支持,所提供的应用软件具有开放型结构,用户可根据当地强天气的特点适当修改软件,使其适合当地天气特点,从而能够准实时地对各类灾害性天气进行自动识别和追踪。随着全国新一代天气雷达逐渐投入业务应用,各地都在开发利用新一代天气雷达资料进行灾害性天气监测和预警系统,如北京奥运项目引进了美国 NCAR 的 Auto-Nowcast 系统,开展本地化研究与开发;安徽省气象台利用新一代雷达开发定量估测淮河流域面雨量和强对流天气预警系统;武汉中心气象台开发"长江中游短时天气预警报业务系统(MYNOS)"等。

1.4　雷达组网

我国是气象灾害频发的国家,气象灾害种类多、突发性强。尤其进入 21 世纪以来,随着国民经济和社会的快速发展,气象灾害对经济建设和人民生活造成的损害和影响与日俱增,每年台风、暴雨、干旱、大风、雷暴和冰雹等灾害性天气,对农业、交通、能源、粮食以及国防建设等造成了极大的破坏。为减轻气象灾害的影响,提高对灾害性天气的监测预警能力和预报水平,近年来国家加大了全国新一代天气雷达监测网建设步伐。经过近几十年的努力,我国新一代天气雷达监测网建设得到了长足发展,已在灾害性天气监测和预警服务方面发挥了重要作用,取得了较好的社会经济效益。

1.4.1 新一代天气雷达组网基本原则

新一代天气雷达的建设要与气象信息网络系统、气象资料分析应用和服务系统相结合,综合各部门需求,以统一规划为指导,合理进行雷达站点布局,按照行业标准和规范,进行规范化业务管理和建设,分步实施,建成一个高效的全国新一代天气雷达监测网。

全国组网的天气雷达在波段、型号和相参体制的选择上,要以有利于提高我国灾害性天气监测、警报、预报能力为原则,把雷达系统业务运行的稳定性、可靠性放在首位。新建新一代天气雷达应从中国气象局已鉴定定型的雷达型号中选择,便于组网拼图,发挥最大效益。同时,全国新一代天气雷达监测网应当具有统一的信息传输、存储平台,包括设备资源、人力资源、信息资源等在内的所有资源应对行业各部门实行全方位开放,形成一个跨部门、全行业的信息共享系统,充分发挥效益。

雷达站址的选择,应综合考虑以下因素:站址间距、地理环境、净空环境、电磁环境、通信环境和基础环境等要求。

(1)站址间距。根据新一代天气雷达最大不模糊距离、速度的范围以及大气衰减、地球曲率的影响,所选雷达站间距宜在 $250\sim200$ km。对于灾害性天气频发区、重点服务地区、经济发达地区、山地丘陵地区或年降水 800 mm 以上地区站址间距可加密到 $150\sim200$ km。对于国家为应对突发性、极端性天气事件,增强雷达网安全性,个别地区布点密度可加密到 100 km 左右。

(2)地理环境。雷达站选址应当避开洪水、泥石流、山体滑坡等自然灾害频发地,避免沙土和湿地地质;避开腐蚀性气体、工业污染和水污染高发地;避开破坏现有气象探测环境和当地景观的地方。

(3)净空环境。站址四周应开阔,避开高山、铁塔、高大树木和建筑物等对雷达电磁波的阻挡。雷达主要探测方向,包括重点服务地区方向和重要天气过程的主要来向,其遮挡物对雷达电磁波的遮挡仰角不应大于5°,如果邻近雷达可以覆盖该遮挡地区的则可以适当降低要求。雷达选站探测环境应该受到当地规划保护,并确保长期稳定。

(4)电磁环境。雷达站应避开高压线、电站、电台、工业干扰源等,避开与国防设施冲突的地域;电磁环境有利于天气雷达站的业务运行,没有潜在有害干扰;对公众照射的辐射水平满足环保和卫生标准;机场周边必须符合航空飞行安全要求。

(5)通信环境。便于建立与当地气象台的宽带通信链路,确保探测数据和遥控信息的实时可靠传输。

(6)基础环境。雷达选址水、电、路等基础设施健全,供电质量可以满足雷达系统用电需求,周边环境便于今后工作生活。

1.4.2 新一代天气雷达组网相关产品

完整的新一代天气雷达网应包括:(1)探测站,即单个雷达站,包括雷达系统(及配套设备)和业务用建筑;(2)通信系统,包括雷达站至本地气象局(市级或省级气象局)、市气象局至省气象局、省气象局至中国气象局的通信线路,在单个雷达建设项目中仅含有雷达站至本地气象局的通信线路;(3)应用系统,包括国家、省和雷达所在地三级气象局的业务应用;(4)资料共享平台,包括海量存储检索、资料处理和资料共享服务;(5)技术保障设施,包括维护维修测试仪器、仪表和工具,全网监控系统,备件及储备库;(6)培训体系,包括雷达各种应用的教学系统、实验平台、教材等;(7)技术研发体系,包括基础性研究和高新技术开发及其产业。

由于新一代天气雷达存在很多探测盲区,而 X 波段天气雷达因为体积小、低成本、功能完善、性能稳定,可利用其方便移动的优势布局在探测盲区或容易产生小尺度灾害性天气过程的地方,是新一代天气雷达组网的良好补充。截至 2016 年底,中国气象局统筹建设的 X 波段天气雷达共有 42 部,由地方自主建设的 X 波段天气雷达约 200 部,X 波段天气雷达在重大活动和气象灾害的应急保障,及人工影响天气等方面发挥了重要作用。

双偏振天气雷达与目前常用的单偏振天气雷达相比,能够获取降水粒子的形状、尺寸大小、相态分布、空间取向以及降水类型等更为详细的信息,有助于提高预报的准确性、定量估测降水的精度和雷达探测数据的质控能力。目前气象部门已经在上海、厦门和广州等地完成了 3 部天气雷达的双偏振升级改造,开展了双偏振雷达业务应用试验,对双偏振雷达探测能力及业务运行情况进行评估,确定双偏振雷达的业务体制、定标方法和技术标准。

相控阵雷达是采用电扫描技术的天气雷达,能够更快更完整地监测天气系统的发展过程,可在 1 分钟内完成一次体扫,而目前的多普勒天气雷达均采用机械扫描方式进行观测,完成一次体扫需要 6 分钟左右。目前,我国已经开展了 S 波段、X 波段相控阵雷达试验平台的建设,并对相控阵天气雷达探测理论和模型进行了初步研究。

风廓线雷达是用于探测大气风场廓线数据的气象雷达。截至 2016 年底,我国共有 69 部风廓线雷达投入组网运行,相对集中在京津冀、长三角、珠三角等重点区域,其关键技术指标已经达到世界先进水平,提供了高时空分辨率的风场产品,并在气象预报业务中得到应用,提高了短时预报的质量,也为灾害性天气、雾霾天气预报提供有力支撑。

全国天气雷达网结合自动雨量校准站网和闪电定位系统等多种探测手段,能够连续跟踪监测各种灾害性天气过程,扩大监测范围、提高监测精度、增加预警时效、提升预警预报能力。通过组网拼图,可准确提供天气过程面雨量信息,定量估测流域大范围降水,能够为多部门合作防洪抗旱、防灾减灾提供更为有效的气象服务。

1.4.3　新一代天气雷达存在的主要问题

随着经济社会的快速发展和人民生活水平的不断提高,气象灾害造成的经济损失和社会影响越来越大,气象灾害的社会敏感性越来越高,气象监测预报对气象雷达发展提出了更加迫切的需求。同时,新一轮科技革命和产业变革不断兴起,极大推进信息技术创新应用的快速深化,也进一步推动了雷达等大型技术装备的高效应用,为气象雷达发展提供了更加有力的支撑。我国气象雷达建设已经取得长足进步,但在技术的可持续发展和雷达探测精细化、数据共享、应用、保障及培训等方面仍需要不断完善。

经过近二十年的发展,我国已经建成基本覆盖全国人口密集区的天气雷达网,但由于我国地形复杂,新一代天气雷达网近地面 1 km 高度仅有 20% 左右的探测覆盖率,对山区、城市等特殊地形区和关键区的暴雨探测时空分辨率不足,对中小尺度天气的监测能力不足。目前建成的天气雷达网,对山区、城市等关键区和特殊地形区域暴雨的高时空分辨率面雨量监测能力不足。我国现有探测水平精细化程度不足,探测手段也还较为单一。如对降水类型不能准确识别;对南海区域的天气过程及东南沿海台风等灾害性天气的内部结构无法准确探测;对晴空和有云天气条件下的大气参数探测能力不足。

新一代天气雷达建设过程中存在诸多问题,如站址选择困难,征地需与地方政府协调,需报有关部门审批,征地有时非常困难。为了尽量满足新一代天气雷达探测净空环境要求,一些雷达站不得不选址在相对较高的山顶上,这些高山雷达站不仅基础设施建设投资巨大,建设施工难度也很大,同时又由于高山气候恶劣(通常是冰冻、大风、雷击和潮湿等),雷达站维修维护和运行维持成本较大,生活值班比较艰苦。再如,雷达站建设中雷达工作频率协调、申请较为困难,主要需和部队各兵种协调。又如,绝大部分雷达站的探测环境都在当地政府的建设、规划部门进行了备案,确保气象探测环境得到有效保护。雷达站选在城区,必须严格控制城市建设高度,但在一定程度上制约了城市化发展。实际上,少数地区新一代天气雷达站雷达探测和运行环境已经受到了新建工程的影响。

我国天气雷达和风廓线雷达产品部分质控算法还处于起步阶段,质控业务体系尚未完善,业务应用能力明显不足。现有雷达数据产品精度不够、组网产品种类不全、数值预报应用技术不完善,还不能完全满足气象预报、航空安全、流域降水预警监测等需求。

1.4.4　新一代天气雷达的新技术简介

已建成的新一代天气雷达全部是单偏振雷达,无法对降水类型进行识别,不能准确识别非降水回波,因此,在降水类型识别和非气象回波的滤除方面能力不足,定量估测降水的精度不高。双偏振雷达可有效解决上述问题。

双偏振天气雷达是下一代天气雷达的发展趋势,双偏振多普勒天气雷达是在多普勒天气雷达的基础上增加双偏振功能,根据不同偏振获取的后向散射信息,除了能提供多普勒天气雷达可得到的回波强度、径向速度和速度谱宽外,还能提供差分反射率因子(Z_{DR})、差分传播相位变化(Φ_{DP})、差分传播相位常数(K_{DP})、退偏振因子、相关系数等参量。对这些参数进行分析、反演,可以判断降水粒子的形状、尺寸大小、相态分布、空间取向以及降水类型等更为具体的信息。具有双偏振功能的多普勒雷达系统使探测混合区不同相态降水的比例成为可能。双偏振天气雷达有助于提高预报的准确性、定量估测降水的精度和雷达探测数据的质控能力。

双偏振雷达的关键技术主要有双偏振雷达发射与接收观测模式选取;双偏振雷达标定与校准。

双偏振天气雷达在其发展历程中,经历了由双圆偏振到双线偏振的发展过程。后者由于技术相对简单且具有很好的探测能力而得到较快的发展。在构建双线偏振雷达系统时主要有两种制式,一种是水平和垂直线偏振脉间变换交替发射模式,简称交替发射模式(FHV),该模式有两个接收通道,可同时接收到目标相对于发射波的共极化和交叉极化后向散射信号,其特点是能得到目标的线性退偏振比。另一种是水平和垂直线偏振波同时发射和接收模式,简称双发双收模式(SHV),与 FHV 模式不同的是不能直接得到目标的线性退偏振比,但可得到目标相对于水平和垂直偏振波的零延时共极化相关系数。除了这些不同之外,两种模式都能得到目标的强度和差分反射率因子(Z_{DR})、径向平均速度(V)、谱宽(W)及差分传播相位变化(Φ_{DP})、差分传播相位常数(K_{DP})。SHV 模式由于具有许多优点,目前已成为构建双线偏振天气雷达的主要方式。其优点主要有以下几个方面:省掉了价格昂贵的铁氧体大功率微波开关,避免了由此引起的性能受环境影响等问题;H 通道的数据和原多普勒雷达完全相同,可完全兼容现在广泛应用的多普勒雷达气象产品软件;在保证相同数据精度前提下,天线转速可提高一倍,适于对快速变化雷暴天气的观测;结构相对简单,造价降低。

双线偏振多普勒雷达差分反射率因子(Z_{DR})和差分传播相位(Φ_{DP})对于提高定量降水的测量精度,提高降水区域的液态水含量测量精度,用于识别降水回波和非降水回波,从降水中识别各种降水粒子的相态等方面有很大的潜力,所以要求它们有很高的测量准确度。双偏振雷达的差分反射率(Z_{DR})和差分传播相位(Φ_{DP})的精度取决于雷达硬件系统的校准结果。Z_{DR}的精确度为 ± 0.1 dB 时,弱降水率的评估准确度能达到 $10\% \sim 15\%$。对于相同精度的强降水率,Z_{DR} 的精确度可以放宽至 1 dB。0.1 dB 的精确度值也是用于区分不同类型雪的标准。因此,要求 ± 0.1 dB 的 Z_{DR} 精度是双偏振雷达探测的期望精度值。

为了更有效发挥气象雷达的应用效益,迫切需要升级雷达数据采集、处理及应用环节的质量控制能力,逐步提高雷达观测数据质量。随着双偏振雷达和其他新型雷达的逐步建设,迫切需要拓展业务应用系统,升级满足气象行业需求的雷达业务应用软件和技术。

天气雷达主要用于降水粒子的观测,对晴空大气和云的观测能力不足,无法为气象预报提供高精度的连续观测数据。因此,为了进一步增强气象观测能力,满足天气预报、航空航天、国防军事、林业生态、水利水文等行业对气象保障的需求,迫切需要提升天气雷达探测能力,扩展气象雷达种类。

1.5　复习思考题

1. 我国新一代天气雷达观测环境的基本原则有哪些?
2. 新一代天气雷达由哪些部分组成?
3. 简述新一代天气雷达应用领域。
4. 简述新一天天气雷达组网的基本原则及相关产品。
5. 新一代天气雷达还存在哪些问题?

第2章 多普勒天气雷达原理

学习要点

本章介绍雷达电磁波在大气中的传播方式，雷达气象方程，多普勒效应，最大不模糊速度和最大不模糊距离，雷达基数据会受到地物杂波、距离折叠以及速度模糊的影响，雷达数据的质量控制方法。

多普勒天气雷达的工作原理以多普勒效应为基础，可以测定散射体相对于雷达的速度，在一定条件下反演出大气风场、气流垂直速度的分布以及湍流情况等，对警戒强对流天气等具有重要意义。在实际业务中，首先要了解多普勒天气雷达的工作原理，了解电磁波的散射、衰减、折射，理解雷达探测原理，了解雷达资料的局限性、资料误差和资料的代表性，方能将雷达产品更好地运用于天气预报。

2.1 雷达电磁波在大气中的传播

2.1.1 气象目标物对雷达电磁波的散射

当电磁波传播遇到空气介质或云、降水粒子时，入射的电磁波会从这些质点向四面八方传播同频率的电磁波，这种现象称为散射。

2.1.1.1 后向散射截面

天气雷达之所以能探测降水天气系统是基于降水粒子对雷达波的散射。脉冲电磁波通过天线向固定方向发射出去，当遇到降水粒子时，大部分能量继续向前，一部分能量被降水粒子吸收，一部分能量被降水粒子向四面八方散射，只有向后散射的部分能够到达雷达天线并被雷达所接收。

后向散射截面是度量目标在雷达波照射下所产生的回波强度的一种物理量。设有一个理想的散射体，其截面面积为 σ，它能接收射到其上的全部能量，并且均匀地向四周散射，若该理想散射体返回雷达天线的电磁波能流密度，恰好等于同距离上实际散射体返回雷达天线的电磁波能流密度，则该理想散射体的截面面积 σ 就称为实际散射体的后向散射截面。后向散射截面是一个虚拟的面积，它可以用来定量地表示粒子后向散射能力的强弱。由于实际粒子不是理想的散射体，所以粒子的后向散射截面积不等于它的几何截面积，通常小于几何截面积。后向散射截面与几何截面的比值称为标准化的后向散射截面 σ_b，$\sigma_b \leqslant 1$。到达降水粒子的入射

波能流密度 $S_s(\pi)$ 与粒子后向散射到雷达天线的能流密度 S_i 的关系为

$$S_s(\pi) = \frac{S_i\sigma_b}{4\pi r^2} \tag{2.1}$$

式中，r 为粒子与雷达之间的距离。

2.1.1.2　球形粒子散射

引进无量纲尺度参数 $\alpha = \frac{2\pi r}{\lambda}$，对散射进行划分。式中 r 为散射微粒的半径，λ 为入射辐射的波长。当 α 远小于 1 时，即 $r \ll \lambda$，则称为瑞利散射，也称为分子散射；若 $0.1 < \alpha < 50$，即 $r \sim \lambda$，则称为米散射（Mie 散射）；当 $\alpha > 50$ 时，可用几何光学。

当降水粒子直径远小于入射脉冲电磁波的波长，更确切地说，当降水粒子直径的 16 倍不超过入射电磁波的波长时，粒子后向散射截面的表达式可以大大简化为

$$\sigma = \frac{\pi^5}{\lambda^4} \mid K \mid^2 D^6 \tag{2.2}$$

式中，D 为球形粒子直径；$K = \frac{m^2-1}{m^2+2}$，m 为构成粒子介质的复折射指数。满足此条件的粒子散射称为瑞利散射。对于 S 波段雷达，降水粒子直径只要不超过 6 mm，都可以划为瑞利散射。也就是说，几乎全部雨滴和霰，以及部分小冰雹的散射在 S 波段可以作为瑞利散射来处理。对于 C 波段雷达，只有雨滴的散射可以作为瑞利散射来处理。

如图 2.1 所示，三种不同波段下水球和冰球的后向散射截面随降水粒子直径的变化。从图中可以看出，随着粒子直径的增大，后向散射截面总体趋势是迅速增大，但并不是单调增大，而是呈现波动式的增长。需要注意的是，此图仅对水球和冰球进行了计算，而实际的降水粒子存在冰水混合，或诸如冰雹这类降水粒子的形状不规则，因而其后向散射截面会与图中所示有偏差，但总体趋势上是一致的。

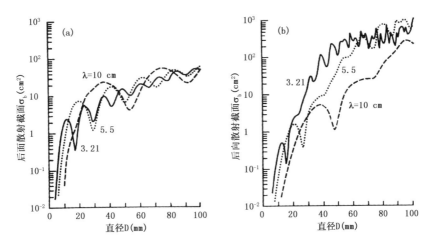

图 2.1　水球粒子(a)和冰球粒子(b)的后向散射截面随粒子直径的变化

（引自 Doviak and Zrnic，1993）

从表 2.1 中可以看出，对于波长 10 cm 的 S 波段雷达，当 $D < 50$ mm 时，水球比冰球的后向散射截面大很多；当 60 mm $< D <$ 80 mm 时，水球和冰球的后向散射截面大致相当；当 $D >$

90 mm 时,水球后向散射截面小于冰球。对于波长 5.5 cm 的 C 波段雷达,当 $D<20$ mm 时,水球比冰球的后向散射截面大很多;当 30 mm$<D<$40 mm 时,水球和冰球的后向散射截面大致相当;当 $D>50$ mm 时,水球后向散射截面比冰球小很多。

表 2.1　水球粒子后向散射截面和冰球粒子后向散射截面之比随粒子直径 D 的变化

λ(cm) ＼ D(mm)	10	20	30	40	50	60	70	80	90	100
10	8.0	9.8	7.5	4.0	6.0	0.8	2.0	1.0	0.1	0.2
5.5	6.2	5.0	0.5	1.5	0.14	0.20	0.1	0.062	0.040	0.085

雷达探测实际大气中的云雨时,接收到的散射是由一群粒子共同形成的。一群云雨粒子的瞬时回波是涨落的,其原因是同时散射能量到天线处的许多云雨粒子之间相对位置不断发生变化,从而使各云雨粒子产生的回波到达天线的行程差也发生不规则的变化。粒子群形成的瞬时回波,不能简单地看作各个粒子单独产生的瞬时回波的叠加。一般雷达都对云雨粒子群瞬时回波取一定时段的平均。可以证明,粒子群时间平均回波功率等于构成粒子群的各个单个粒子产生的回波功率的总和。

2.1.2　气象目标物对雷达电磁波的衰减

回波强度不仅与被测目标的情况有关,而且还与雷达和目标物之间的大气状况有关。当电磁波投射到气体分子或液态、固态的云和降水粒子上时,一部分能量将被粒子散射,使原来入射方向的电磁波能量受到削减,另一部分能量被粒子吸收,变成热能或其他形式的能量。所谓衰减,就是吸收和散射两种作用的总和,用衰减系数来表示介质对电磁波能量衰减的强弱。大气、云、雨滴对雷达波的衰减与波长有关。

2.1.2.1　云的衰减

云滴是指半径小于 100 μm 的水滴或冰晶粒子。云造成的衰减主要是由于吸收作用。云的衰减系数 k_c(dB · km^{-1})与云区含水量 M(g · m^{-3})呈正比:

$$k_c = k_1 M \tag{2.3}$$

式中,k_1 为单位含水量的衰减系数。

从表 2.2 中可以看出,随着波长增加云的衰减系数迅速减小。当波长从 3 cm 增加到 10 cm 时,衰减系数减小近一个量级;含水量相同时,水云的衰减系数比冰云大两个量级;不含

表 2.2　不同波长和温度下云的衰减系数 k_c(dB · km^{-1})

	温度(℃)	波长(cm)			
		0.9	3.2	5.0	10.0
水云	20	0.647	0.0483	0.0215	0.0054
	10	0.681	0.063	0.022	0.0056
	0	0.99	0.086	0.035	0.009
冰云	0	8.74×10^{-3}	2.46×10^{-3}		
	−10	2.94×10^{-3}	8.19×10^{-3}		
	−20	2.0×10^{-3}	5.63×10^{-3}		

降水粒子的云含水量一般不超过 1 g·m^{-3}，冰云中的含水量很少超过 0.5 g·m^{-3}，通常小于 0.1 g·m^{-3}，云对雷达的总衰减量很小，可以忽略；云中液态水含量一般在 1～2.5 g·m^{-3}，浓积云上部可达 40 g·m^{-3}。当存在大片由液态水组成的含水量较大的云时，特别对短波长雷达应该考虑衰减的影响。

2.1.2.2　雨的衰减

雨滴是指半径大于 100 μm 的水滴。雨的衰减系数 k_p（dB·km^{-1}）可以表示为降水率 R（mm·h^{-1}）的函数，雨对雷达波的衰减一般与降水强度呈近似的正比：

$$k_p = k_2 R^\gamma \tag{2.4}$$

式中，k_2 和 R^γ 均与波长和温度有关（表 2.3），随地域、降水类型不同而异。

表 2.3　不同波长 k_2 和 γ 的值

	波长（cm）			
	0.9	3.2	5.0	10.0
k_2	0.22	0.0074	0.0022	0.0003
γ	1.0	1.31	1.17	1.00

雨对雷达波的衰减与波长有关，如表 2.4 所示，对于 10 cm 的雷达，雨的衰减可以忽略，但随着波长的减小很快增大；3.2 cm 雷达衰减已很大；毫米波雷达一般不用来测雨。

表 2.4　不同波长和雨强下雨的衰减系数 k_p（dB·km^{-1}）

雨强 （mm·h^{-1}）	波长（cm）			
	0.9	3.2	5.6	10.0
0.5	0.11	0.003	0.001	0.00015
1	0.22	0.007	0.002	0.0003
5	1.1	0.061	0.014	0.0015
10	2.2	0.151	0.033	0.003
20	4.4	0.375	0.0732	0.006
50	11	1.25	0.214	0.015
100	22	3.08	0.481	0.030
200	44	7.65	1.083	0.060

2.1.2.3　冰雹的衰减

冰雹是一种直径大于 5 mm 的固体降水物。冰雹对雷达波造成严重衰减，波长越短衰减越大（表 2.5）。由于衰减作用，雷达所显示的降水回波将小于实际降水区，尤其在降水远离雷达的一侧。

2.1.3　电磁波在大气中的折射

电磁波在真空中的传播路径为直线，在大气中由于折射指数的分布不均匀会产生折射，从而导致电磁波的传播路径发生弯曲。电磁波的折射对天气雷达探测有重要影响。

表 2.5　不同波长和直径下冰雹的衰减系数 k_h($dB \cdot km^{-1}$)

波长(cm)	水层厚度(cm)	冰雹直径(cm)		
		0.97	1.93	2.89
3.2	0	0.12	1.21	1.66
	0.01	0.91	3.01	3.46
	0.05	1.68	3.72	4.03
	0.1	1.5	3.49	3.79
5.5	0	0.015	0.18	0.33
	0.01	0.19	0.79	1.12
	0.05	0.56	2.48	2.82
	0.1	0.94	2.30	2.60
10.0	0	0.002	0.017	0.034
	0.01	0.051	0.15	0.19
	0.05	0.058	0.34	0.60
	0.1	0.08	0.89	1.18

由于地球本身近似为球体,设地球半径为 R_e,地球的曲率为 K,当考虑折射时,雷达波束的传播路径是弯曲的,地球表面也是弯曲的,这样给定量计算带来不便。为了使问题简化,把雷达波束的传播路径作为直线处理,雷达波束相对于地表的曲率表示为 K_m,如果把 K_m 看作地表的曲率,这时雷达波束的传播就可以看作直线传播。由 K_m 导出的曲率半径称为等效地球半径 R_m。

$$R_m = \frac{R_e}{1 + R_e \frac{dn}{dh}} \tag{2.5}$$

式中,$\frac{dn}{dh}$ 为折射指数随高度的变化。

设想地球半径加大到某一数值 R_m 时,使得 R_m 为半径的球面上沿直线传播的超短波的最大探测距离和真实地球表面上沿折射曲线轨道传播的最大探测距离相同,则 R_m 就称为等效地球半径。

(1)标准大气折射。在标准大气情况下,$R_m = 8500$ km,为实际地球半径的 $\frac{4}{3}$ 倍,波束路径向下弯曲,这种折射称为标准大气折射。标准大气折射可以代表中纬度地区对流层大气折射的一般情况,也称为正常折射。标准大气折射曲率半径约为地球半径的 4 倍,可能最大探测距离增大了 16%。

(2)临界折射。波束路径的曲率与地球表面曲率相同时,波束传播路径与地表平行,称为临界折射。这时 R_m 无限大。

(3)超折射。波束路径的曲率大于地表曲率,雷达波束传播过程中碰到地面,经地面反射后继续向前传播,然后再弯曲到地面,再经地面反射,重复多次,雷达波束在地面和某层大气之间依靠地面的反射向前传播,称为超折射(大气波导传播)。这时 $R_m < 0$。

在形成超折射时,雷达波遇到地物所产生的后向反射波沿同样的路径返回天线,雷达屏幕上地物回波明显增多增强,这种回波称为超折射回波。超折射回波会影响对气象目标的观测。在屏显上通常呈现出辐辏状排列的短线,若回波强度较大,短线状回波会互相弥合成片状(图2.2)。

超折射形成时大气折射指数 n 随高度迅速减小,必须满足气温向上递增、水汽压向上迅速递减的气象条件,即上干下湿,逆温暖干盖的大气层结。

(4)无折射。如果雷达波束沿直线传播,无折射现象,亦可称为零折射。大气是均质,此时 $R_m = R_e$,一般不会出现这种情况。

(5)负折射。如果雷达波束不是向下弯曲,而是向上弯曲,称为负折射。产生负折射的气象条件是湿度随高度增加、温度向上迅速递减。在盛夏中午的陆地,大气底层温度递减率有可能大于干绝热递减率,从而出现负折射。发生负折射时,正常折射能观测到的目标物会突然观测不到了,实际探测中,可以根据在同样天线仰角的屏幕上经常出现的地物回波消失而判断出现了负折射。

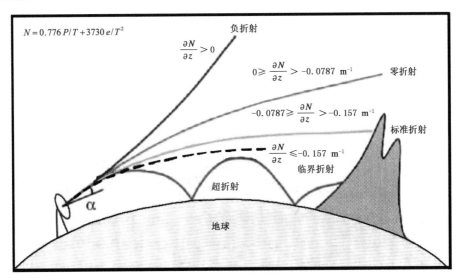

图 2.2　各种折射情况下电磁波的传播路径

2.2　雷达气象方程

2.2.1　一些重要的雷达参数

2.2.1.1　与发射机有关的参数

雷达的触发信号产生器周期性产生触发脉冲,触发脉冲送到发射机,在触发脉冲的作用下,发射机产生短促而强大的高频振荡,经天线发射出探测脉冲。发射机的主要参数有波长 λ,脉冲重复频率 PRF,脉冲宽度 τ,脉冲功率 P_t。

(1)波长。如前所述,同一目标物对不同波长的电磁波散射和衰减特性有很大区别。因而,不同用途的气象雷达往往具有不同的波长。天气雷达通常采用厘米波,划分为不同波段。K 波段雷达用来探测非降水云,X、C、S 波段雷达用来探测降水。我国新一代天气雷达使用 C

和 S 波段。

（2）脉冲宽度。探测脉冲持续震荡的时间称为脉冲宽度 τ。探测脉冲具有一定的持续时间，从而空间上会有一定的长度 h：

$$h = \tau c \tag{2.6}$$

式中，c 为光速。脉冲宽度的单位为 μs。式（2.6）可写为

$$h = 300\tau(\text{m}) \tag{2.7}$$

我国新一代天气雷达 SA 使用两种脉冲宽度：短脉冲 $1.57\ \mu s$ 和长脉冲 $4.71\ \mu s$。对应的脉冲长度分别为 $500\ \text{m}$ 和 $1500\ \text{m}$。

（3）脉冲发射功率 P_t。发射机发出脉冲的峰值功率称为脉冲发射功率。我国新一代天气雷达 SA 的脉冲发射功率在 $650\sim800\ \text{kW}$ 之间。

（4）脉冲重复频率 PRF。每秒产生触发脉冲的数目称为脉冲重复频率。相邻脉冲之间的间隔时间称为脉冲重复周期 PRT。

2.2.1.2　与天线有关的参数

天气雷达的天线由辐射体和反射体两部分组成。反射体通常采用抛物面型，辐射体是用波导管扩展而成的喇叭口，位于抛物面反射体的焦点上。发射机传来的电磁波能量，由喇叭口辐射出来，经过抛物面反射体的反射，聚集成一束狭窄而强大的电磁波向空间发射出去。与天线有关的主要参数包括天线方向图及波束宽度和天线增益 G。

（1）天线方向图和波束宽度。雷达波束无法用肉眼观察到，但是可以用仪器测出电磁场的强度及能流密度的空间分布。通常绘出通过天线水平和垂直面上的辐射能流密度的相对分布曲线图，称为天线方向图。如图 2.3 所示，在方向图中通常都有两个瓣或多个瓣，最大的瓣称为主瓣，侧面的称为旁瓣，相反方向的称为尾瓣。

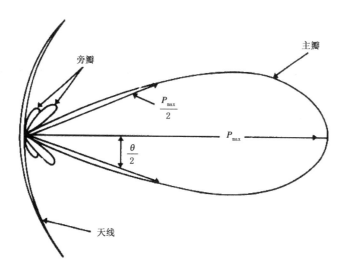

图 2.3　天线主瓣和旁瓣示意图（引自 Sauvageot，1992）

主瓣上两个半功率点间的夹角定义为天线方向图的波束宽度。波束宽度通常指天线主瓣的宽度。在垂直面上的波束宽度用 θ 表示，水平面上的波束宽度用 ϕ 表示。波束宽度决定雷达径向探测精度，主瓣瓣宽越窄，角度分辨率越高，方向性越好，探测精度越高。我国 S 波段新

一代天气雷达的天线直径为 9 m,波束宽度为 1°。

（2）天线增益 G。定向天线在最大辐射方向的能流密度 $S_{\max}$ 和各向均匀辐射的天线能流密度 S_{av} 之比,称为天线增益。

$$G = \frac{S_{\max}}{S_{\text{av}}} \tag{2.8}$$

我国新一代天气雷达 S 波段 $G \geqslant 44$ dB。

2.2.2　雷达气象方程

雷达发出的电磁波投射到云雨粒子上时产生散射电磁波,其中后向散射的电磁波被雷达所接收,这就是雷达回波。雷达回波的强度取决于雷达参数、云雨物理特性,以及云雨粒子与雷达之间的距离。雷达气象方程用来表示回波强度与哪些因子有关,以及呈现什么样的关系。

2.2.2.1　单个目标的雷达方程

如果雷达天线各向同性辐射,距离雷达 r 处目标物得到的入射波能流密度为 $\frac{P_t}{4\pi r^2}$。采用天线增益为 G 的定向天线后,距离雷达 r 处的入射能流密度为

$$S_i = \frac{P_t}{4\pi r^2}G \tag{2.9}$$

设目标物的后向散射截面为 σ,则从目标返回雷达天线的散射波能流密度 $S_s(\pi)$ 为

$$S_s(\pi) = \frac{P_t G \sigma}{(4\pi r^2)^2} \tag{2.10}$$

设天线的有效截面为 A_e,则天线所接收到的功率 P_r 为

$$P_r = S_s(\pi)A_e = \frac{P_t G \sigma}{(4\pi r^2)^2}A_e \tag{2.11}$$

由天线理论 $A_e = \frac{\lambda^2}{4\pi}G$,代入上式,可得:

$$P_r = \frac{P_t G^2 \lambda^2}{(4\pi)^3 r^4}\sigma \tag{2.12}$$

上式为单个目标的雷达方程,根据目标的后向散射截面 σ 和离开雷达的距离 r 以及雷达的参数 P,G,λ,即可计算出其回波功率。上式还表明,单个目标的雷达回波功率与 r^4 呈反比,随着距离的增大,回波功率迅速减小。

2.2.2.2　雷达气象方程

（1）粒子群的散射

如前所述,来自粒子群的回波信号,虽然瞬时值随时间迅速脉动,但是对时间的平均值却是比较平稳的。在大量粒子彼此独立,并且在空间做无规则分布的情况下,只要测定的时间足够长,总的回波功率时间平均值等于各个粒子回波功率之和,即

$$\overline{P}_r = \sum_{i=1}^{N} P_i \tag{2.13}$$

式中,N 为合成总的回波功率的粒子数目。

（2）波束有效照射深度和有效照射体积

雷达发出的探测脉冲宽度为 τ,空间电磁波列的长度为 $h = \tau c$。位于雷达波束宽度和探测

脉冲长度范围内的所有粒子,都可以同时被雷达波束所照射到。不是所有的粒子产生的回波都能同时回到雷达天线。在雷达波束中,与天线等距离的粒子同时被探测脉冲所照射,同时产生回波并同时到达雷达天线。与天线距离不相等的回波信号也有可能同时回到雷达天线。因为探测脉冲具有一定宽度 τ,因而它通过粒子产生的回波信号也有一定宽度 τ。可见,距离较近的两个粒子虽然它们开始产生回波的时间并不相同,但是它们的回波信号仍有一部分能同时到达雷达。雷达波束在径向方向上,粒子的回波信号能同时返回雷达天线的空间长度为 $\frac{h}{2}$,称为雷达的有效照射深度。

在波束宽度为 θ 和 ϕ 的范围内,粒子所产生的回波能同时到达天线的空间体积称为雷达有效照射体积。因 θ 和 ϕ 通常较小,雷达有效照射体积可近似看作椭圆椎体,因此

$$V = \pi \left(r\frac{\theta}{2} \right) \left(r\frac{\phi}{2} \right) \frac{h}{2} \tag{2.14}$$

式中,θ 和 ϕ 分别为用弧度表示的波束水平和垂直宽度。对于圆抛物面的天线,上式简化为

$$V = \pi \left(\frac{r\theta}{2} \right)^2 \frac{h}{2} \tag{2.15}$$

(3)雷达气象方程

只考虑来自波束宽度 θ 和 ϕ 范围内粒子的散射,并假定在此范围内雷达的辐射强度是均匀的,等于波束轴线方向的辐射强度。再假设在波束有效照射体积内降水离子大小分布均匀。由式(2.13)计算来自降水区的回波功率的时间平均值 $\bar{P}_r$ 为

$$\bar{P}_r = \frac{P_t G^2 \lambda^2}{(4\pi)^3 r^4} \sum_{i=1}^{N} \sigma_i \tag{2.16}$$

$$\bar{P}_r = \frac{P_t G^2 \lambda^2}{(4\pi)^3 r^4} V \sum_{\text{单位体积}} \sigma_i \tag{2.17}$$

$$\bar{P}_r = \frac{P_t G^2 \lambda^2 h\theta\phi}{512\pi^2 r^2} \sum_{\text{单位体积}} \sigma_i \tag{2.18}$$

式中,N 为波束有效照射体积内所有的降水粒子数目,$\sum\limits_{\text{单位体积}}$ 为对单位有效照射体积内的粒子求和。考虑天线辐射功率密度不均匀等之后,需乘以一个订正因子 $\frac{1}{2\ln 2} = 0.72$,式(2.18)写作:

$$\bar{P}_r = \frac{P_t G^2 \lambda^2 h\theta\phi}{1024(\ln 2)\pi^2 r^2} \sum_{\text{单位体积}} \sigma_i \tag{2.19}$$

方程被认为是和实验较为符合的一个方程。由方程可知,气象目标的回波功率与 P_t,G,λ,h,θ 和 ϕ,以及气象目标物本身的散射截面和其距离雷达的距离 r 有关。

2.2.2.3　气象目标强度的雷达度量

在雷达气象中,用气象目标强度来度量气象目标对雷达后向散射的强弱。常用参量有反射率和反射率因子。

(1)反射率

后向散射截面总和称为气象目标的反射率,用 η 表示,单位 cm^2 · m^{-3}。

$$\eta = \sum_{\text{单位体积}} \sigma_i \tag{2.20}$$

云雨粒子的后向散射截面通常随粒子尺度增大而增大,因而反射率 η 大,说明单位体积内

降水粒子的尺度大或者数量多,从而反映出气象目标强度大。云雨粒子的后向散射截面不仅与粒子尺度和数量有关,也与雷达波长有关,但与其他雷达参数无关,因而相同波长的雷达所得到的反射率可以进行比较。

(2)反射率因子

在满足瑞利散射的条件下,单位体积中降水粒子后向散射截面的总和可表示为

$$\sum_{\text{单位体积}} \sigma_i = \frac{\pi^5}{\lambda^4} \mid K \mid^2 \sum_{\text{单位体积}} D_i^6 \qquad (2.21)$$

将反射率因子定义为单位体积中降水粒子直径 6 次方的总和,用 Z 表示,单位为 $mm^6 \cdot m^{-3}$,即

$$Z = \sum_{\text{单位体积}} D_i^6 \qquad (2.22)$$

反射率因子 Z 的大小反映了气象目标内降水粒子的尺度和数密度,常用来表示气象目标的强度。由式(2.22)可见,反射率因子 Z 只取决于气象目标本身,与雷达参数和距离无关,所以不同参数的雷达所测得的 Z 可以相互比较。

将式(2.21)和(2.22)代入式(2.19),可得在瑞利散射条件下的雷达气象方程:

$$\overline{P_r} = \frac{\pi^3}{1024(\ln 2)} \frac{P_t G^2 h\theta\phi}{\lambda^2} \frac{\mid K \mid^2}{r^2} Z \qquad (2.23)$$

令

$$C = \frac{\pi^3 P_t G^2 h\theta\phi}{1024(\ln 2)\lambda^2} \mid K \mid^2 \qquad (2.24)$$

C 只取决于雷达参数和降水相态,则

$$\overline{P_r} = \frac{C}{r^2} Z \qquad (2.25)$$

若瑞利散射条件不满足,如用 10 cm 雷达探测大冰雹时,不能用瑞利散射公式来计算降水粒子的后向散射截面。在瑞利散射条件成立时,有

$$\sum_{\text{单位体积}} \sigma_i = \frac{\pi^5}{\lambda^4} \mid K \mid^2 Z \qquad (2.26)$$

在瑞利散射条件不成立时,上式写作:

$$\sum_{\text{单位体积}} \sigma_i = \frac{\pi^5}{\lambda^4} \mid K \mid^2 Z_e \qquad (2.27)$$

Z_e 称为等效反射率因子。此时 Z_e 不能用式(2.22)表达,数值可以通过式(2.32)获得,将 Z 换作 Z_e。

(3)回波功率、反射率因子与距离订正

由式(2.25)可知,回波功率是雷达接收的功率值,不能完全反映降水粒子的特征。由式(2.22)可见,真正反映降水粒子特征的是反射率因子 Z。

在一些雷达中,回波功率不是直接测出,而是通过与雷达最小可测功率 $P_{\min}$ 相比的方法间接求出。人们习惯用 dB 来表示回波功率的大小,含义为

$$N(\text{dB}) = 10 \cdot \lg \frac{P_r}{P_{\min}} \qquad (2.28)$$

$N(\text{dB})$ 是一个分贝值,不是回波功率值。dB 通过式(2.28)计算后可得回波功率值

$$P_r = P_{\min} 10^{\frac{N(\text{dB})}{10}} \qquad (2.29)$$

因反射率因子变化区间很大,如表 2.6 所示,可以跨越几个数量级,为方便起见,常用 dBZ 来表示反射率因子的大小,即

$$\text{dBZ} = 10 \cdot \lg \frac{Z}{Z_0}, \; Z_0 = 1 \; \text{mm}^6 \cdot \text{m}^{-3} \tag{2.30}$$

因此,可知 dB 和 dBZ 是两个完全不同的概念,dB 只是回波功率的一种相对表示,dBZ 是反射率因子的对数表示,在使用过程中不要混淆。

表 2.6　dBZ 和 Z 值

dBZ	$Z(\text{mm}^6 \cdot \text{m}^{-3})$
−32	0.000361
−10	0.1
0	1
10	10
30	1000
53	199 526
95	3 162 277 660

根据式(2.25),当回波功率 P_r 与距离 r 已知时,可以计算出反射率因子:

$$Z = \frac{r^2 P_r}{C} \tag{2.31}$$

这个过程称为距离订正。

由式(2.31)可以导出 dB 和 dBZ 之间的关系:

$$10 \cdot \lg Z = 20 \cdot \lg r + 10 \cdot \lg P_r - 10 \cdot \lg C \tag{2.32}$$

$$\text{dBZ} = 20 \cdot \lg r + 10 \cdot \lg \frac{P_r}{P_{\min}} - 10 \cdot \lg \frac{C}{P_{\min}} \tag{2.33}$$

$$\text{dBZ} = 20 \cdot \lg r + \text{dB} - 10 \cdot \lg \frac{C}{P_{\min}} \tag{2.34}$$

$$\text{dBZ} = 20 \cdot \lg r + \text{dB} - A \tag{2.35}$$

上式左端是反射率因子 dB 的表示,给出 dBZ 和 dB 的关系。右端第一项为距离订正项;第二项是回波功率与雷达最小可测功率之比的分贝数;第三项 $A = 10 \cdot \lg \frac{C}{P_{\min}}$ 是只与雷达性能有关的常数。

2.2.3　WSR-88D 和 CINRAD 雷达的取样技术

2.2.3.1　分离扫描方式 CS/CD

分离扫描方式通常在低仰角(0.5°和 1.5°)使用。雷达在最低的 2 个仰角(VCP11、VCP21以及 VCP32 的最低 2 个仰角和 VCP31 的最低 3 个仰角)分别使用 CS 和 CD 模态进行重复扫描。在一个完整的 360°CS 模态扫描结束后,仍在最低仰角进行完整的 360°CD 模态扫描。然后,天线才抬升到第 2 个仰角,分别进行 360°CS 扫描和 360°CD 扫描。

2.2.3.2　交替扫描方式 Batch(B)

交替扫描方式在中间仰角(2.5°~6.5°)中的每个仰角径向交替使用高低脉冲重复频率。此技术只用于 VCP11、VCP21、VCP32,不用于 VCP31。先发射低重复频率的脉冲,紧接着再发射高重复频率的脉冲。低脉冲重复频率可以得到较长的最大不模糊距离 R_{max}，高脉冲重复频率可以给出更精确的速度数据。

2.2.3.3　不考虑距离折叠的连续多普勒方式 CDX(X)

这种扫描方式在较高仰角（＞7°）使用高 PRF 获取反射率因子和速度数据。CDX 用于 VCP11 和 VCP21 中大于 7° 和 VCP31 中大于 3° 的所有仰角的扫描。高仰角时数据不再经过距离去折叠处理，因为没有必要。如用 7.5° 仰角时，115 km（最短的 R_{max}）处雷达波束的高度已达 15 km，产生距离折叠的可能性非常小。

2.3　多普勒天气雷达探测原理

2.3.1　多普勒效应

多普勒效应是奥地利物理学家 J. Doppler 1842 年首先从运动着的发声源中发现的现象，主要内容为物体辐射的波长因为波源和接收者（器）的相对运动而产生变化。在运动的波源前面，波被压缩，波长变得较短，频率变得较高；在运动的波源后面时，会产生相反的效应，波长变得较长，频率变得较低；波源的速度越高，所产生的效应越大，如图 2.4 所示。

电磁波传播的速度 c 和频率 f、波长 λ 之间的关系为

$$c = f\lambda \tag{2.36}$$

因为 c 为光速，若频率增加，波长 λ 必须减小，反之亦然。

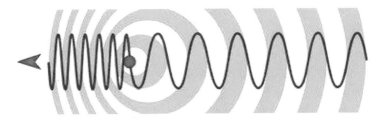

图 2.4　多普勒效应示意图

最常见的一个例子，当一辆紧急的火车（汽车）鸣着喇叭以相当高的速度向着你驶来时，声音的音调（频率）由于波的压缩（较短波长）而增加。当火车（汽车）远离你而去时，这声音的音调（频率）由于波的膨胀（较长波长）而减低。

对于一个运动的目标，向着雷达运动或远离雷达运动所产生的频移量是相同的，但符号不同：目标移向雷达频移为正；目标远离雷达频移为负。

2.3.2　最大不模糊速度

CINRAD 速度探测不采用测量频移的方法，而是利用相继返回的两个脉冲对之间位相的变化，这种脉冲对位相的变化可以比较容易且准确的测量。这种测速技术叫作"脉冲对处理"。

CINRAD 雷达是全相干体制的雷达系统，每个脉冲的相位是已知的。每次发射脉冲的频率一样，相位对内部参考信号来说也相同。任何脉冲到另一个脉冲的位相变化都可以计算，因为位相变化直接与目标的运动相联系。

假定雷达发射的第一个脉冲遇到目标物时，该目标物距离雷达的距离为 r，则该目标物产生的雷达回波回到雷达的位相为

$$\varphi_1 = \varphi_0 + 2\pi \frac{2r}{\lambda} \tag{2.37}$$

一个脉冲重复周期后，第二个脉冲发出。当第二个脉冲遇到目标物时，该目标物距离雷达的距离为 $r + \Delta r$，则该目标物对于第二个脉冲的回波到达雷达的位相为

$$\varphi_2 = \varphi_0 + 2\pi \frac{(r + \Delta r)}{\lambda} \tag{2.38}$$

相继返回的两个脉冲之间的位相差为

$$\Delta \varphi = \varphi_2 - \varphi_1 = 2\pi \frac{2\Delta r}{\lambda} = \frac{4\pi \Delta r}{\lambda} \tag{2.39}$$

由此可得到目标物沿雷达波束径向速度的表达式为

$$V_r = \frac{\Delta r}{PRT} = \frac{\lambda \Delta \varphi}{4\pi PRT} = \frac{\lambda \Delta \varphi \times PRF}{4\pi} \tag{2.40}$$

实际中，雷达最终给出的径向速度是从多个脉冲对得到的径向速度的平均值，称为平均径向速度。

雷达能测量的一个脉冲到下一个脉冲的最大相移上限是 π。与 π 脉冲对相移对应的目标物的径向速度值称为最大不模糊速度 V_{max}，最大不模糊速度是雷达能够不模糊测量的最大平均径向速度，其对应的相移是正负 π。将 π 代入式(2.40)，可得最大不模糊速度 V_{max} 与脉冲重复频率 PRF 和波长 λ 的关系：

$$V_{max} = \frac{\lambda \times PRF}{4} \tag{2.41}$$

2.3.3　最大不模糊距离

在雷达发出一个脉冲遇到距离 r 处的目标物产生后向散射波返回雷达时，下一个雷达脉冲刚好发出，这个距离 r 称为最大不模糊距离 r_{max}。雷达脉冲传播至 r_{max} 后的回波返回雷达的时间，恰好是两个脉冲之间的时间间隔，即脉冲重复周期 PRT。

$$r_{max} = \frac{1}{2} c \times PRT = \frac{c}{2 \times PRF} \tag{2.42}$$

2.4　雷达数据质量控制

雷达产品基数据质量直接影响本地区短时天气预报的准确性和区域雷达拼图的产品质量。我国布网的新一代天气雷达具有自动标定功能，在雷达硬件标定正确的情况下，新一代天气雷达基数据质量主要受到地物杂波、距离折叠和速度模糊三个因素的影响。

新一代天气雷达对基数据进行质量控制，首先在 RDA 数字化数据形成时进行地物杂波抑制和对点杂波抑制，其次展开去距离折叠算法，最后将反射率因子、速度和谱宽基数据通过宽带通信线路送到 RPG 进行速度退模糊处理。

2.4.1　地物杂波抑制

新一代天气雷达在其探测波束范围内的任意探测物均会产生反射回波。当地面非气象目

标造成的雷达回波信号被处理进入基数据时,便产生了地物杂波。地物杂波包括普通地物杂波、异常地物杂波等。地物杂波对基数据的准确性影响很大,新一代天气雷达的全部产品和算法都建立在基数据基础之上,如果地物杂波没能得到有效抑制,雷达基数据和导出的各类反射率、速度等产品也都会受到严重污染。所以,有效抑制地物杂波是提高多普勒天气雷达数据产品质量的必要环节。

2.4.1.1 固定地物杂波

固定地物杂波指由于山脉、高塔等地物在雷达波束正常传播下产生的杂波。其特点是位置比较固定,边缘清晰;主要影响最低仰角产品;对任一特定仰角,典型的固定地物杂波污染从一个体扫描到下一个体扫描少有变化;固定地物杂波一般出现在距雷达较近的地方。

在反射率因子产品中,离雷达近的固定地物目标几乎都会产生较高的反射率因子(图2.5);如果地物杂波没有完全被抑制,雷达会赋给高反射率因子值,这些高反射率因子值往往呈无规则的分布,从一个距离库到下一个距离库有很大变化。

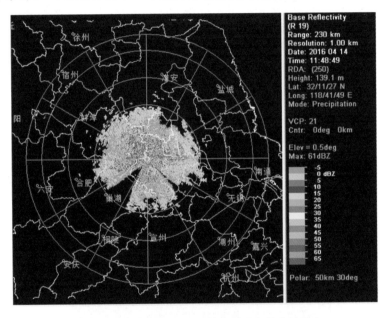

图 2.5 固定地物杂波在反射率因子产品中的形态

在平均径向速度产品中,因地面目标静止,其径向速度接近零,但也有例外,比如来自树叶摇摆、海洋浪涛、汽车等非零速度的地物回波,或遇到如楼房和水塔等较大的建筑物,也会出现非零的速度值。地物杂波在平均径向速度产品上显示为在一个接近零速度值的大片区域中镶嵌着孤立的非零速度值(图2.6)。当目标尺度大于距离库尺度时,雷达只对建筑物本身采样,一般得到近似零的速度,这种情况最容易发生在离雷达很近的地方。当目标尺度小于距离库尺度时,雷达对建筑物和它周围的大气采样,建筑物周围的任何涡旋和气流都会被探测到,往往得到非零速度。

在谱宽产品中,因地面目标是静止的,速度值非常低,谱宽值接近零,但因为谱宽与平均径向速度有关,所以也存在例外,如摇摆的树叶、海洋浪涛和汽车等也会造成非零谱宽值,或者较大的建筑物能造成变化的谱宽值,其值既与建筑物的尺度相对于样本体积的大小有关,也与建筑物周围气流的速率有关。地物杂波在谱宽产品上表现为一些孤立的非零值被嵌在接近零的谱宽场中间(图 2.7)。

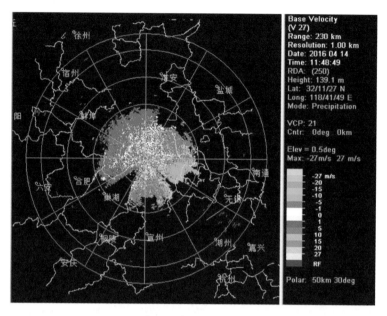

图 2.6　固定地物杂波在径向速度产品中的形态

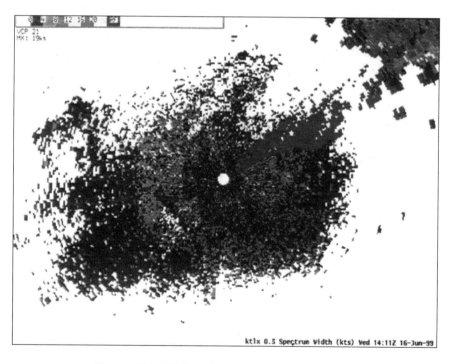

图 2.7　固定地物杂波在径向速度谱宽产品中的形态

2.4.1.2　异常地物杂波

异常地物杂波是指由雷达波束的超折射造成的地物回波。大气条件决定雷达波束的异常传播,雷达产品对异常地物杂波的响应存在明显的日变化和年变化,甚至随逐小时、每一个体扫都在发生变化。三体散射回波也是地物造成的一种虚假回波。

异常地物杂波在最低仰角产品上普遍存在,发生在距雷达不同的距离上。出现超折射杂波时,大气低层或者中层一般存在逆温或湿度随高度增加而迅速减小的层结。

在反射率因子产品中,异常地物杂波往往造成反射率因子数据出现杂斑点,斑点值的变化范围很宽,呈现辐辏状。超折射造成的地面回波呈现明显的不均匀特征,反射率因子值相当高,会发生从低值到高值的突变,其反射率因子梯度大,不如气象回波的反射率因子梯度光滑。

在平均径向速度产品中,超折射的回波大多来自静止的地面目标,因此,与普通地物杂波污染类似,速度值近似为零,但也有例外,如来自于树叶摇摆、海洋浪涛和汽车等的非零回波,或大楼、水塔等较大建筑物能产生变化的速度值。所以,如图 2.8 所示,异常地物杂波在平均径向速度产品上显示为一片接近零的速度场中孤立地镶嵌着非零值区域。

图 2.8 显示 2002 年 7 月 1 日晚 22 时 52 分天津 CINRAD-SA 雷达 0.5°仰角和 1.5°仰角的反射率因子图。在 0.5°仰角图上,左侧呈放射状的回波是由平原地区超折射产生的地物回波,而远处西北部密实的点状回波是由北京西北部山脉的超折射回波造成的,其反射率因子的水平梯度很大。超折射地物回波是指雷达波束在距离雷达较远处弯曲到地面,在地面被地物散射后一部分能量回到雷达天线的现象。这种现象是由于大气折射指数随高度迅速减小造成的,往往出现在逆温或湿度随高度迅速减小的情况下。逆温引起的超折射主要出现在半夜和清晨,而湿度随高度迅速减小的情况大多出现在大雨刚刚过后,图 2.8 的超折射就是大雨刚刚过后造成的。一般这类回波主要出现在 0.5°仰角上,当仰角抬高到 1.5°时,超折射地物回波会迅速衰减或完全消失。如图 2.9 所示,在速度图上超折射地物回波对应着大片的零速度区。

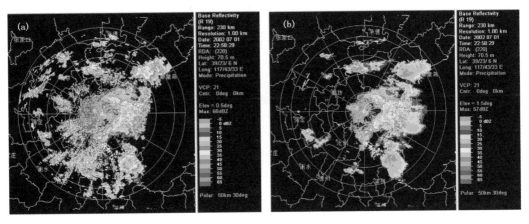

图 2.8　2002 年 7 月 1 日 22 时 52 分天津塘沽 SA 雷达 0.5°仰角(a)和 1.5°仰角(b)反射率因子图

2.4.1.3　地物杂波抑制

因为地物静止不动,所以其相对雷达的径向速度为零。因此,抑制地物杂波的主要思路是将一个距离库内径向速度在零值附近的那部分功率滤去。

首先运用多普勒功率谱识别区分地物杂波和气象信号。用正态分布(钟形)曲线对特定距

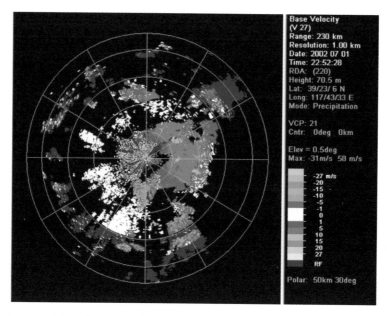

图 2.9　2002 年 7 月 1 日 22 时 52 分天津塘沽 SA 雷达 0.5°仰角平均径向速度图

离库中一系列脉冲回波的功率和速度数据进行拟合,揭示平均功率、平均径向速度和速度谱宽的特征,对距离库中逐个回波功率谱进行检验,将气象信号和杂波信号加以区别。如图 2.10 所示,在地物杂波信号中,径向速度以零为中心,回波功率较高,谱宽窄;气象信号径向速度很少以零为中心分布,具有变化的回波功率。

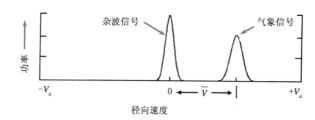

图 2.10　杂波信号和气象目标回波信号的多普勒功率谱曲线,横轴为速度,纵轴为功率

　　雷达在区分这两种不同的信号后,其信号处理器从被地物杂波污染了的距离库中提取出气象信息。杂波消除滤波器被设计用来减小其速度值在零附近的回波信号的功率。槽口宽度是一个以零为中心的速度间隔,它确定了哪些回波信号将被过滤。如图 2.11 所示,如果将槽口宽度设定为 3.4 kn*,那么将对径向速度在 −1.7～1.7 kn 范围内的所有信号实施抑制,保留下来的是来自那个距离库的气象目标的回波信号。

　　信号被过滤后,如图 2.12 所示会有残余信号产生,一种如近距离的高山产生的强回波,杂波消除滤波器只能去除有限数量的信号功率,无法过滤其全部回波信号功率,另一种是与一个杂波目标相联系落在槽口宽度之外的速度值(如建筑物周围的湍流),杂波信号也会被保留。

---

　　* 1 kn＝1 nmile · h^{-1}≈0.51 m · s^{-1}。

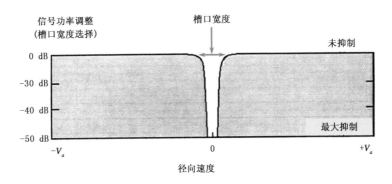

图 2.11　槽口宽度选择和杂波消除,径向速度衰竭从 −50 dB 向 0 dB 递增

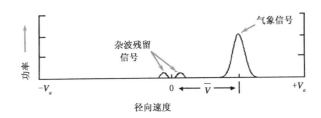

图 2.12　杂波抑制后残留杂波信号和气象目标回波信号的多普勒功率谱曲线

2.4.1.4　地物杂波抑制的实施

对固定和异常两种不同类型的地物杂波按不同方法实施抑制。前者由天气雷达系统诊断工具软件 RDASOT 产生的旁路图来抑制,后者通过定义一个杂波抑制区来实施。

RDASOT(radar data acquision system operability test)是新一代天气雷达系统中为多种不同目的设计的,可脱机独立运行的诊断工具软件。RDASOT 程序主要完成诊断测试、标定测试和辅助维护三方面工作。其中,标定测试是为完成有限的标定功能,生成用来抑制固定地物杂波的旁路图。旁路图程序在雷达安装后立即运行一次,同时每个季节重新运行一次。为了达到最好的效果,在大气状况接近每个季节的正常条件时,RDASOT 将建立旁路图。

由 RDASOT 产生的旁路图主要用来抑制普通地物杂波。通过辨认杂波信号,RDASOT 确认地物杂波目标并产生旁路图以决定在什么位置实施抑制。一般生成两张图,第一张图用于最低的两个仰角,第二张图用于其余的仰角。两张图均采用极坐标格点,每个库的尺度为 $1° \times 1$ km。如图 2.13 所示,旁路图会标明在哪些库实施抑制,但只指定实施抑制的地点,抑制量将由操作员指定。

操作员根据具体的需要定义杂波抑制区,用来实施对异常杂波的抑制。最有效的杂波抑制常常是固定杂波过滤和异常杂波过滤的结合。

每个给定的杂波抑制区文件内可以定义 15 个杂波抑制区。定义一个杂波抑制区需要给定的参数如下:

起始/结束距离,图 2.14 中第 2、3 列,定义区域的开始和结束的距离,从 2 km 到 510 km。

开始/结束方位角,图 2.14 中第 4、5 列,定义该区域的开始和结束的方位角,从 0° 到 360° 并且应按照顺时针方向输入。

操作员选择码,图 2.14 中第 7 列,操作员选择码用来定义将使用的杂波过滤(抑制)的类型(表 2.7)。

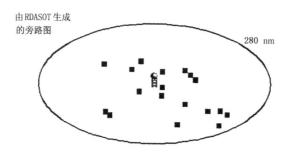

图 2.13　RDASOT 产生的杂波过滤旁路图,图中的黑色正方形表示需要实施抑制的库

表 2.7　操作员选择代码

操作员代码	杂波过滤(抑制)的类型
0	在杂波抑制区内关闭所有的杂波过滤,不进行任何杂波抑制
1	每一个由旁路图指定的地点将激活选择的抑制水平,即要进行槽口宽度选择
2	按选择的抑制水平对区域内的每一个距离库实施抑制

槽口宽度有三种选择,分别对应不同的抑制水平。槽口宽度选择时,分别对监测 CS 和多普勒 CD 通道实施,图 2.14 中最右侧两列:"1"对应 3.4 kn(±1.7 kn)的槽口宽度,可取得约 30 dB 的抑制水平;"2"对应 4.8 kn(±2.4 kn)的槽口宽度,可取得约 40 dB 的抑制水平;"3"对应 6.8 kn(±3.4 kn)的槽口宽度,可取得约 50 dB 的抑制水平。图 2.15 为该菜单所定义的杂波抑制区示意图。

```
                    CLUTTER SUPPRESSION REGIONS              PAGE  1 OF  2
COMMAND: AD,WXMAN1,CL,C,11,DO                                   RPG ALARM
FEEDBACK:                                                      OPER A/R  21
(M)odify, {LINE#}              (DE)lete, {LINE#}        (DO)wnload
(E)nd                            (C)ancel
           Start    Stop    Start    Stop    Elev Seg  Operator  Channel Width
Region     Range    Range   Azimuth  Azimuth  Number   Sel Code    D       S
           --------------------------------------------------------------------

1            2       510      0        360       1        1        3       2
2            2       510      0        360       2        1        3       2
3            2       180      200      350       1        2        3       2
4            0        0       0         0        0        0        0       0
5            0        0       0         0        0        0        0       0
6            0        0       0         0        0        0        0       0
7            0        0       0         0        0        0        0       0
8            0        0       0         0        0        0        0       0
```

图 2.14　WSR-88D 雷达控制台 UCP 杂波抑制菜单

图 2.16 中雷达附近和距离雷达几十千米的西南到正北方向,米粒状的回波就是非常明显的滤波后固定地物杂波的残留。雷达附近的杂波残留是城市高大建筑造成的杂波滤波后的残留,从西南到正北距离雷达几十千米的杂波残留是北京周边山脉产生的固定地物回波经杂波滤波后的残留。

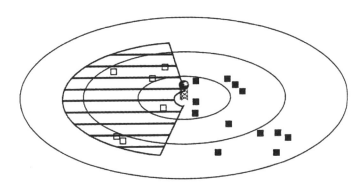

图 2.15　由旁路图确定固定地物杂波位置和由雷达操作员
划定的扇形区域确定超折射地物杂波区域

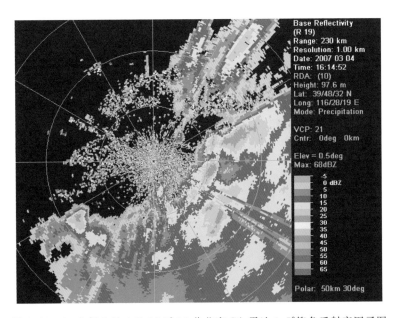

图 2.16　2007 年 3 月 4 日 16 时 14 分北京 SA 雷达 0.5°仰角反射率因子图

2.4.1.5　地物杂波抑制的优点和局限性

地物杂波抑制的优点：

（1）在基数据产生之前进行地物杂波抑制操作，基数据的整体质量得到改善。

（2）通过降低第一程内来自地面目标的回波功率，增加了赋予第二程内距离库正确速度和谱宽数据的概率。

（3）如果某一区域的 dBZ 阈值（高于某一最小值）被超出，会出现从晴空模向降水模自动转换的现象。采用地物杂波抑制可以预防来自上述区域范围的非气象回波，防止过早转换到降水模态，改进停留在晴空模的能力。

（4）在 VCP31 中，速度估计采用了相对低的 PRF，不抑制地物杂波将使平均径向速度估计出现偏差，导致低 V_{max} 和速度模糊的频繁出现。消除杂波偏差后，减少了 VCP31 中的速度退模糊失败率。

地物杂波抑制的局限性:

(1)对任意给定的距离库,如果地物杂波抑制不合适,抑制的程度太低或太高,导出产品将受到影响。

(2)虽然杂波抑制区是对因异常传播造成的地物回波进行抑制的强有力工具,但在一个区域使用强制杂波过滤(操作员选择代码2)时,在那个区域中具有零到接近零速度的每一个距离库都将被抑制。对应于平均径向速度产品的零速度区域,将是一个降低了反射率因子的区域。对反射率因子产品来说,有时可明显看到零等速线。这种不适当的强制杂波抑制,导致大范围的基本反射率因子值大幅偏低,并且给所有基于反射率因子的下游产品带来负影响。

2.4.1.6　间歇性点杂波抑制

间歇性点杂波是指由空中的飞机等强散射体造成的回波。它属于地物回波,其回波往往是点状目标,在雷达 PPI 上的回波呈原点状或"一"字形,所以对探测气象回波无影响。间歇性点杂波移动速度快,也比较容易识别。

抑制算法在地物杂波抑制算法之后执行。这是一种沿径向对赋给孤立距离库的不真实的高功率回波附加的检测。沿每个径向搜寻,并与每个邻近的功率值比较,如果该点的功率明显大于邻近点的功率,则对该点功率值进行平滑。一次径向搜寻把每个距离库 n 与其最相邻的两个距离库 $n-1, n+1$ 作比较,计算出功率差值,如果与 $n-1, n+1$ 两个邻近库的差值都超过阈值比率,则对数据进行平滑,例如:

测量的功率

距离库	$n-3$	$n-2$	$n-1$	n	$n+1$	$n+2$	$n+3$
	17	20	23	(265)	26	28	21

平滑后的功率

距离库	$n-3$	$n-2$	$n-1$	n	$n+1$	$n+2$	$n+3$
	17	20	20	(24)	28	28	21

如果在连续两个距离库 $n, n+1$ 上均出现杂波,径向检测判别与第二个最邻近库相比具有高功率值的两个连续库。如果两个库的功率值超过某个阈值比率,则对两个库的数据进行平滑,例如:

测量的功率

距离库	$n-3$	$n-2$	$n-1$	n	$n+1$	$n+2$	$n+3$	$n+4$
	17	22	50	(295)	(326)	43	25	18

测量的功率

距离库	$n-3$	$n-2$	$n-1$	n	$n+1$	$n+2$	$n+3$	$n+4$
	17	22	22	(22)	(25)	25	25	18

2.4.2　多普勒两难与距离去折叠

2.4.2.1　多普勒两难

对每个特定雷达而言,在确定的频率下探测的最大距离和最大速度不能同时兼顾,由式

(2.41)和(2.42)也可看出,这便是多普勒两难。对于多普勒两难的处理,美国新一代天气雷达 WSR-88D 提供一系列脉冲重复频率供选择(表 2.8),在低仰角、中等仰角和较高仰角分别采用不同的取样策略,我国新一代天气雷达中的 SA、SB 和 CB 型雷达都采用了 WSR-88D 的方案。

表 2.8　WSR-88D 和 CINRAD/SA 使用的一组 8 个 *PRF* 值和相应的 r_{max} 与 V_{max}

序号	PRF	r_{max}	V_{max}
1	322	460 km(252 n mile *)	8 m·s^{-1}(16 kn)
2	446	335 km(181 n mile)	11 m·s^{-1}(22 kn)
3	644	230 km(126 n mile)	16 m·s^{-1}(32 kn)
4	857	175 km(95 n mile)	21 m·s^{-1}(43 kn)
5	1014	150 km(80 n mile)	27 m·s^{-1}(51 kn)
6	1095	135 km(74 n mile)	28 m·s^{-1}(55 kn)
7	1181	125 km(69 n mile)	30 m·s^{-1}(59 kn)
8	1282	115 km(63 n mile)	33 m·s^{-1}(64 kn)

2.4.2.2　距离折叠

距离折叠是指当目标物位于雷达最大不模糊距离 r_{max} 之外时,雷达却把目标物显示在 r_{max} 以内的某个位置。距离折叠是雷达对目标物的一种辨认错误。当距离折叠发生时,雷达所显示的回波位置的方位是正确的,但距离是错误的。

目标物不存在距离折叠的情况如图 2.17 所示,最大不模糊距离 $r_{max}=230$ km,这意味着两个脉冲之间能量可以走 460 km。如果有一个目标物位于 180 km 处,当一个脉冲遇到目标物时,脉冲的大部分能量继续向前走,小部分能量被目标物后向散射回到雷达。当目标物后向散射波到达雷达时,脉冲的大部分能量走到离开雷达 360 km 的位置,此时第二个脉冲还没有发射,雷达准确地把目标定位在 180 km 处。目标物的定位不存在模糊问题。

目标物存在距离折叠的情况如图 2.18a 所示,最大不模糊距离 $r_{max}=230$ km,目标物位于 280 km 处,比 $r_{max}=230$ km 多出 50 km。如图 2.18b 所示,脉冲 1 在 280 km 遇到目标物,脉冲的大部分能量继续向前走,小部分能量被目标物后向散射回到雷达。当脉冲 1 遇到目标物后向散射能量到达距雷达 100 km 时,脉冲 2 发射,此时雷达认为接下来返回雷达的能量均来自脉冲 2。如图 2.18c 所示,当脉冲 2 走到 100 km 时,脉冲 1 的后向散射能量正好到达雷达,雷达认为接收到的后向散射能量来自脉冲 2,往返总共 100 km,认定在 50 km 处遇到目标物,而不是脉冲 1 在 280 km 遇到目标物,如图 2.18d 所示。

如果雷达最大不模糊距离 $r_{max}=230$ km,则称位于 0~230 km 之间的目标物处于第一程,231~460 km 之间的目标物处于第二程,461~690 km 之间的目标物处于第三程……以此类推。第二程以上的回波称为多程回波。

2.4.2.3　距离去折叠算法

距离折叠现象常见于速度和谱宽产品中。为了满足精确估算速度的需要,常采用高 PRF。结果,对应同一较高的 PRF 的径向速度和反射率因子图上都会出现严重的距离折叠现

---

* 1 n mile=1852 m。

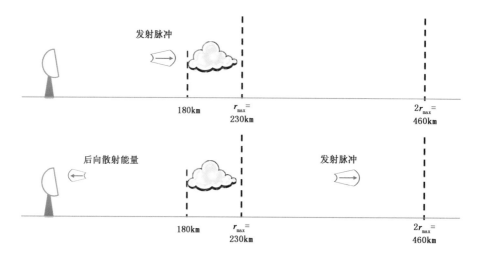

图 2.17　目标物位于 r_{max} 内的回波

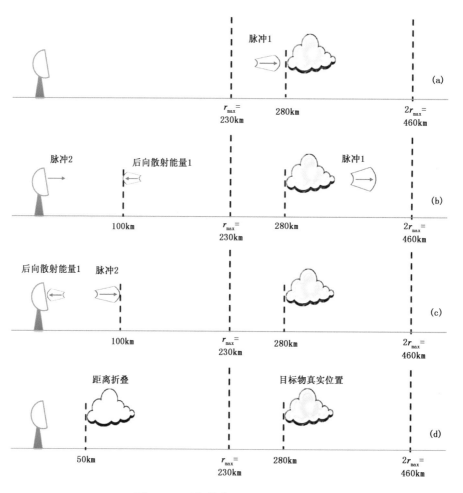

图 2.18　目标物位于 r_{max} 之外的回波

象,因而,多程回波(主要是第二程回波)的距离折叠现象在新一代天气雷达的速度和谱宽产品中是常见的,需要有一种算法做"去折叠"处理。

(1)无回波叠加情况下的距离去折叠算法

当采用高 PRF,较短 r_{max} 时,沿雷达径向没有两个或两个以上的回波(包括第一程回波和可能的多程回波)位于第一程相同的视在距离处(即没有回波的叠加发生),如图 2.19 所示。

第一步,确定真实距离和可能的距离。

当收集到来自 CS 模态($r_{max}=230\ \text{km}$)的低 PRF 数据后,距离雷达 20 km 和 165 km 处的目标 A、B 的距离和回波功率已知(图 2.19a),但速度数据质量很差,没有被使用。

为确定目标 A、B 的精确速度值,须再收集来自 CD 模态的高 PRF 数据。对每一给定径向,算法计算出目标 A、B(A、B 的位置和回波功率已经由 CS 模态采集的数据确定)的视在距离,即目标在第一程中的距离,也即雷达上实际显示的距离,如图 2.19b 所示,当 CD 模态的 r_{max} 为 115 km 时,A、B 视在距离分别为 20 km 和 50 km。

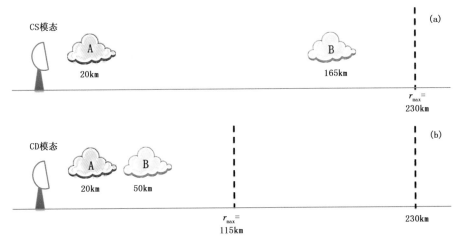

图 2.19　沿径向观测,CS 模态确定每个目标物的位置和功率(a)以及 CD 模态下每个目标物视在距离(b)

根据视在距离,算法还计算出目标 A、B 在第二、三及后来的程中的所有可能的位置(图2.20)。因此,一旦用 CD 模态采集数据,所有可能的目标物位置都已经被预先算出。

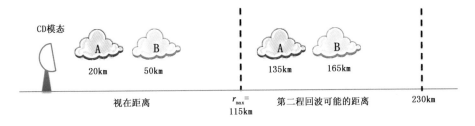

图 2.20　CD 模态下每个目标物视在距离和可能的距离

第二步,确定是否有回波叠加。

算法确定当使用 CD 模态后,是否有回波折叠进相同的数据库。如果没有,则进入第三步。如果有,则转入有回波叠加的情况。

第三步,去折叠。

收集来自 CD 模态的高 PRF 数据,速度和谱宽数据是准确的,但由于 r_{max} 短,可能被折叠进第一程回波中。去折叠步骤包括检测 CS 数据(功率和距离),一个距离库接一个距离库地将 CD 数据的速度和谱宽值与 CS 数据进行比较。

CD 数据中速度值的视在距离通过检测 CS 数据中的距离来校验(图 2.21)。如果对应于 CD 数据中 B 速度值的视在距离 50 km 处,相应的 CS 数据中没有目标与之对应,则将该速度值的其他可能距离与 CS 数据比较,以确定对应该速度值的真实距离。

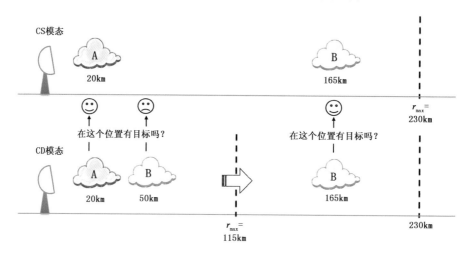

图 2.21 CD 数据中速度值所在的位置与 CS 数据进行比较

(2)有回波叠加情况下的距离去折叠算法

在有回波叠加的情况下,沿径向的回波位置在 CD 模态中将有回波折叠进相同的距离库中,即有两个以上的回波的视在距离相同。

第一步,确定真实距离和可能的距离。

与无回波叠加的情况类似,当收集到来自 CS 模态(r_{max}=230 km)的低 PRF 数据后,距离雷达 20 km 和 135 km 处的目标 A、B 的距离和回波功率已知(图 2.22),但速度数据质量很差,没有被使用。

为确定目标 A、B 的精确速度值,须再收集来自 CD 模态的高 PRF 数据。此时,如图 2.22 所示,当 CD 模态的 r_{max} 为 115 km 时,目标 A、B 真实距离为 20 km 和 135 km,由于来自目标 A 和目标 B 的回波信号同时到达 RDA,A、B 都有 20 km 的视在距离,它们被分析为一个目标。根据视在距离,算法还计算出目标 A、B 在第二、三及后来的程中的所有可能的位置,如图 2.22 所示。从而,在 20 km 和 135 km 距离处的速度和谱宽估计是目标 A、B 回波的混合。

第二步,功率比较。

有回波叠加时,算法多了一步"功率比较"。因为速度估算是以功率为权重的,在有两个或更多的回波在同一视在距离叠加的情况下,当造成回波叠加的两个或更多的目标中的一个目标的回波功率远大于其余目标的回波功率时,将混合的速度估计值赋给该目标是一个合理精确的估计。

如图 2.23 所示,目标 B 的回波功率高于目标 A 的回波功率,混合的速度估计代表 B 的程度比代表 A 的程度要高一些,将混合的速度估计值赋给目标 B。

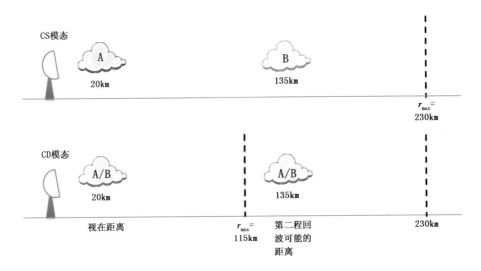

图 2.22　沿径向观测，CS 模态确定每个目标物的位置和功率，CD 模态下每个目标物视在距离和
可能的距离，回波发生叠加

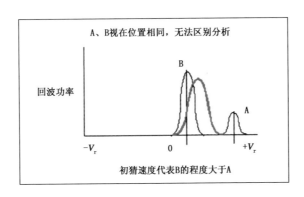

图 2.23　由于来自目标 A 和目标 B 的回波信号同时到达 RDA，
它们被分析为一个单独的目标

用 CS 模态采集数据时每个目标的回波功率已知，从而可以确定两个或多个折叠进相同库的回波(即两个或多个回波具有相同的视在距离)的功率比(以 dB 表示高值与低值之比)。以 dB 为单位的两个回波功率比可按下式计算：

$$\mathrm{dB} = 10\lg\left[\frac{P_{\mathrm{high}}}{P_{\mathrm{low}}}\right] \tag{2.43}$$

如果功率比超过 $TOVER$(一个可调参数，其缺省值为 5 dB)，则速度和谱宽数据将被赋给返回最大功率的目标，而另一个(些)目标将被赋给紫色。

如果功率比没有超过 $TOVER$，则所有产生叠加的回波的目标将都被赋给紫色。

第三步，去折叠。

去折叠步骤包括对照 CS 数据(功率和距离)，一个库接一个库地检测 CD 数据(速度和谱宽值)。把 CD 数据中速度值的视在距离和可能距离与 CS 数据中的真实距离作比较，以确定其真实距离。

对没有出现回波叠加的距离库,其速度和谱宽数据像在无回波叠加情况时一样被确定。对出现回波叠加的库,产生回波的目标的真实距离和功率比是已知的。如果功率比超过其阈值 *TOVER*,则对应于视在距离处的速度和谱宽数据,将被赋给功率最大的回波对应的目标位置,而其他功率较小回波对应的目标位置处将被标为紫色(RF,表示该处速度值不确定)。

假定目标 B(回波功率高)与目标 A(回波功率低)的回波功率比超过 *TOVER*(5 dB),因为两个目标的真实距离是已知的,对应于 20 km 视在距离的速度数据 A 将被赋给真实距离在135 km 处的目标 B,而紫色(表示速度值不确定)将赋给真实距离位于 20 km 处的目标 A,如图 2.24 所示。如果功率比没有超过 *TOVER*,则所有叠加的回波对应的目标距离处标为紫色(RF),只有 230 km 的速度显示范围内的速度和谱宽数据被保留。

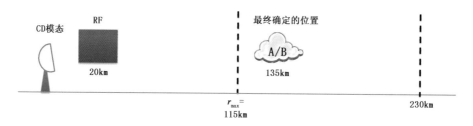

图 2.24　出现回波叠加的距离库,功率比和 *TOVER* 确定速度数据和紫色赋值

这里讨论一下 *TOVER* 值的影响:

若 *TOVER* 值(10 dB)较高,由于速度是以功率为权重进行平均而得到的,从叠加回波中计算的速度数据可以非常好地代表高功率回波,赋给最大功率回波的速度值较之其真实值偏差甚微。所以,高 *TOVER* 值可改进速度和谱宽数据赋值的精度,但是高 *TOVER* 值也会产生面积较大的距离模糊数据区域(即紫色区域)。

若 *TOVER* 值(5 dB)较低,将导致紫色区域明显减少。低 *TOVER* 是一个较易满足的条件,因此,将有更多的产生回波的目标被赋给速度和谱宽数据,只是速度和谱宽的估算将稍有偏差。

与高 *TOVER* 值(10 dB)相比,低 *TOVER* 值(5 dB)对某个回波所做的任何速度估算都有更大的偏差。

图 2.25 给出了永州雷达 2006 年 4 月 9 日 23 时 22 分 0.5°仰角的组合反射率因子和径向速度图。从反射率因子图可以看出,有两排西南—东北走向的线状排列的线性多单体风暴,前面一排至少可以分辨出 4 个相互分离的强单体。这四个强单体全部都是超级单体风暴,产生最强冰雹的是最靠南端的超级单体风暴。可以预料,在径向速度图上会发生回波叠加。由于150 km 以外的回波功率要比 150 km 以内的回波功率小,叠加处的速度值赋予了 150 km 以内目标物,150 km 以外的速度标记为大片的紫色。150 km 之内也有几处标记为紫色,在回波功率图上可以看到这几处的回波功率和远处目标物的回波功率差不多,以至于该处的速度值不能赋予产生回波叠加的任何一个目标物。

2.4.2.4　距离去折叠的优点和局限性

优点:

(1)距离去折叠算法可以准确确定 CD 模态下最大不模糊距离外的速度和谱宽数据。如果存在回波叠加,则产生叠加的回波之一的目标将被赋给速度和谱宽数据,条件是它们的功率

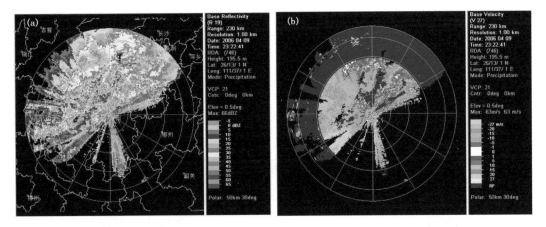

图 2.25 2006 年 4 月 9 日 23 时 22 分永州 SA 雷达 0.5°仰角反射率因子(a)和径向速度图(b)

比超过 *TOVER*,而其他回波对应的目标距离处将被指定为紫色。

(2)减缓多普勒两难。可以用低 *PRF* 模态(CS)精确地确定目标距离和回波功率,用高 *PRF* 模态(CD)准确测定速度和谱宽数据。

局限性:

(1)大量回波沿径向排列的天气事件在 CD 模态下回波叠加现象异常严重,紫色大量出现。飑线过 RDA 时,距离模糊特征(标注为 RF 紫色)出现的机会最大,因为距离去折叠算法涉及回波功率(不是标准化的反射率因子 dBZ)的比较,故第一程内目标的回波最可能被赋给速度数据,更大量的紫色标注(RF)出现在第二程内。

(2)有时速度和谱宽数据无法确定。当回波叠加时,如果它们的功率比不超过 *TOVER*,就得不到速度和谱宽数据,产生回波的目标距离处将被标注为紫色。

(3)只能在 RDA 处改变 *TOVER* 值。通常,*TOVER* 不能"在使用中"改变。它是一个 RDA 可调参数,不能在 PUP 或 UCP 上改变,它必须在 RDA 现场改变,通常由维护人员进行。

2.4.3 S 频段多普勒天气雷达的速度退模糊

2.4.3.1 速度模糊

新一代天气雷达的径向速度场存在速度模糊的问题。如前所述,当实际径向速度超过最大不模糊速度限定的范围时就会出现速度模糊。新一代天气雷达每个距离库上探测的径向速度值,直接与两个相继脉冲之间的相位差(即脉冲对的相位差)和最大不模糊速度有关。当出现速度模糊时,模糊的速度值是有规律的,可以根据相邻数据的速度数值应该相对连续这一原则主观判断出正确的速度值。

WSR-88D 的速度初猜值 V_{first} 是以假设脉冲对相移小于 π 为基础的。如果运动目标的脉冲对真实相位差小于 π,那么雷达对径向速度的观测是不模糊的。如果运动目标的脉冲对真实相位差超过 π,那么雷达对径向速度的初猜值 V_{first} 是不正确的,或者说速度是模糊的。

可以根据模糊速度的初猜值 V_{first} 和最大不模糊速度 V_{max} 得到一系列可能的速度值 V:

$$V = V_{first} \pm 2nV_{max} \tag{2.44}$$

式中,n 为自然数。

速度模糊在 PPI 图像上表现为沿径向或方位向上,径向速度值从 $\pm V_{max}$(或附近的值)到 $\mp V_{max}$(或附近的值)的突变。识别速度模糊的方法是,从零速度区(零速度线附近)出发,沿径向或方位向前进,按风速连续性原则,除如小尺度的龙卷风等强切变情况外,径向速度一般是逐渐增加(减少)的,当增加(减少)到超过 V_{max}($-V_{max}$)时,径向速度由正(负)的最大值或次大值突变为负(正)的最大值或次大值,这种突变的边界就是模糊区的边界(俞小鼎等,2006),速度模糊就发生在这里。

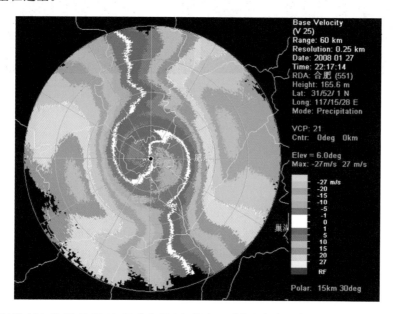

图 2.26　2008 年 1 月 27 日 22 时 17 分合肥 SA 雷达 6.0°仰角径向速度图,图中出现明显速度模糊

图 2.26 给出了一个明显速度模糊的例子。最大不模糊速度为 27 m·s^{-1},零速度线呈"S"形分布,在 100 km 以外的最大正负速度均出现了速度模糊,入流速度和出流速度分别超过了 -27 m·s^{-1} 和 $+27$ m·s^{-1},分析可发现,最大入流速度和出流速度分别为 -41.5 m·s^{-1} 和 $+41.5$ m·s^{-1}。

2.4.3.2　速度退模糊算法

消除(或纠正)速度模糊的方法,也称作速度退模糊方法或算法,可分为软件退模糊和硬件退模糊两种。

硬件退模糊方法应用于雷达硬件系统中,采用扩大雷达测速范围的方式来消除模糊。该方法使用双脉冲重复频率 $PRF1$ 和 $PRF2$,两者之比或者是 3:2,或者是 4:3。CINRAD-SC,CC 和 CCJ 型雷达使用这种方法减轻速度模糊问题。硬件退模糊方法虽可以从根本上解决速度模糊问题,但它也存在探测距离问题和数据质量问题,同时还面临着雷达系统升级和历史资料处理的问题。此外,当真实径向速度大于扩展后的速度时,如高空大风、台风、龙卷等,速度模糊仍然会出现。

软件退模糊方法(也称速度退模糊算法)主要基于连续性原则,即在大气中风场的分布总是连续的。WSR-88D 和 98D(包括 CINRAD-SA,SB 和 CB)使用这种速度退模糊算法,当反射率因子、速度和谱宽数据由 RDA 传输到 RPG 时,开始执行速度退模糊算法。由于距离去折叠处理已经在 RDA 中进行,因此速度数据的距离(位置)是正确的。

速度退模糊算法建立在连续性原则基础上,将每个速度初猜值与它周围的相邻速度值比较。如果一个速度初猜值与它周围值显著不同,则需要运用速度退模糊算法替换为另一个可能值。由于 PRF 和 V_{max} 已知,速度初猜值的可能替代值可由式(2.44)直接算出。

速度退模糊算法还被特别设计成能保留诸如中气旋、风暴顶辐散等气象特征。退模糊处理在一个时次只沿一个径向进行,并使用已经被退模糊的速度值。退模糊处理需要的计算机内存小,符合业务需要。

速度退模糊算法主要分为四个步骤:

第一步,径向连续性检查。

每个距离库的速度初猜值与沿相同径向的最接近的有效速度(在 5 个距离库范围内)做比较。通过沿相同径向朝雷达方向搜索来选择邻近值,因此用于比较的值将是已用算法处理过的速度值。处理过程是由雷达向外的。

确定某个邻近值用作比较,如果速度的初猜值在邻近值的某一临界范围内(在降水模中为 20 kn,在晴空模中为 10 kn),初猜值被保留。如果两个值的差异超出此临界范围,那么继续将该速度初猜值的可能替代值与邻近速度值作比较。如果其可能替代值中的一个是在邻近点的临界值内,那么用该值代替初猜值(图 2.27)。然后做误差检查,算法移到下一个距离库。

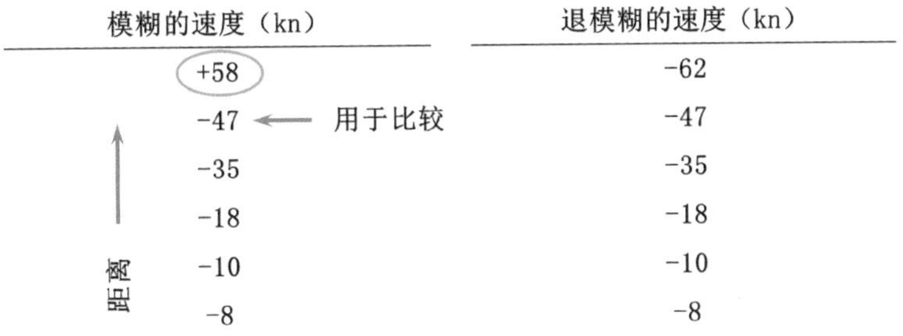

模糊的速度（kn）	退模糊的速度（kn）
(+58)	-62
-47　← 用于比较	-47
-35	-35
-18	-18
-10	-10
-8	-8

图 2.27　径向连续性检查:沿径向的最邻近的速度值被用于比较(本例中 $V_{max}=60$ kn)

如果速度初猜值和它的可能替代值都不在其最邻近点的临界范围内,那么算法将移到第二步九点平均速度值比较。如果在初猜速度的 5 个邻近距离库内无有效速度值,算法移到第二步九点平均。

第二步,九点平均速度值比较。

首先计算平均值。在此扩大了对邻近速度值的搜索范围(图 2.28),九点的构成为"4+5"(图中方框圈出),"4"取同一径向上向着雷达方向的 4 个邻近距离库的速度值,"5"取前一个径向上离开雷达方向的 5 个紧邻距离库的速度值(已用算法处理过),利用九点的速度值计算平均速度。将正在做退模糊处理的距离库的初猜速度与这个平均值做比较。如果速度初猜值不在这个平均值的临界范围内,则检查该初猜值的可能替代值是否在这个平均值的临界范围内。如果其可能替代值之一是在临界范围内,那么保留该替代值,如图 2.28 所示,58 kn 不在平均值的临界范围内,可能替代速度-62 kn 在临界范围内,保留-62 kn。误差检查后,算法回到第一步开始对下一个距离库进行处理。如果初猜值和其可能替代值都没有落在平均值的临界范围内,那么从此距离库中删除初猜值,并指定为没有数据(ND)。

图 2.28　邻近九点速度平均做比较(本例中 $V_{max}=60$ kn)

如果不能得到平均值,算法继续执行下一步扩展搜索。第一、二步可以对 99% 的可疑速度进行退模糊。

第三,扩展搜索。

如果没有可用作九点平均计算的点,则使用扩展搜索。搜索相邻有效速度值以便与初猜值比较,算法沿径向朝着雷达的方向搜索直到 30 个距离库,并沿前一个径向背向雷达的方向搜索直到 15 个距离库。如果找到相邻的有效速度值,并且正在检测的距离库速度初猜值在该相邻有效速度值的临界范围内,则保留初猜值。否则,将初猜值的其他可能替代值与该邻近值比较,如果其中之一在临界值内,就保留它,并做误差检查,算法返回第一步开始处理下一个距离库。

如果找到相邻的有效速度值,但算法正在检测的距离库的初猜值和其可能替代值都在该邻近值的临界范围外,或者不能找到有效的相邻速度值,则移到第四步环境风表速度值比较。

第四,环境风表速度值比较。

如果前三步没能找出用于比较的有效邻近速度值,则把算法正在检测的距离库的速度初猜值与在 UCP 环境风表中获得的一个速度值做比较。

UCP 的环境风表包括不同高度的平均风。在大多数情况下,其值将根据速度方位显示(VAD)算法自动更新。

速度退模糊算法将获取环境风表的速度值,用它作为邻近值,与初猜速度值做比较。如果该初猜速度不在邻近值的临界范围内,则检查其可能替代值。如果初猜值或其可能替代值之一落在这一临界范围内,那么保留它。误差检查后,算法返回到第一步开始处理下一个距离库。如果速度初猜值或其可能替代值都没落在这一临界范围内,则去掉初猜值,标定为没有数据(ND)。

在执行速度退模糊算法的整个过程中都应进行误差检查,是为了防止模糊速度的径向发散。一旦一个模糊速度未做检查就用作有效的邻近点,模糊就可能在许多径向和方位上传播。

2.4.3.3　速度退模糊算法的优点和局限性

速度退模糊算法的优点：

(1)速度退模糊算法为基本和导出产品算法提供尽可能好的基本速度数据,其中特别重要的是中气旋和龙卷涡旋特征(TVS)算法,它们需要退模糊数据。

(2)速度退模糊算法能识别大于 V_{max} 的速度。

(3)速度退模糊算法的设计能保存诸如中气旋、阵风锋、风暴顶辐散和龙卷式涡旋等重要特征。

速度退模糊算法的局限性：

(1)由速度退模糊算法不正确地求出的不适当的退模糊速度有时会模糊或掩盖重要的气象特征。这造成了产品解释的困难,并在某些情况下导致错误的产品解释。

不适当的退模糊速度主要以两种方式表现出来。第一种情况,退模糊速度以孤立距离库形式出现,其速度值的方向与周围数据相反。它主要出现在雷达附近的地物杂波中,或出现在具有高的风切变值的风暴尺度气流中。第二种表现为"长钉"或"楔形块"。它们主要出现在速度值与周围数据或者与从其他来源的风资料(如高空图或探空)相比较方向相反的区域。不会有零值速度分隔这两种场,并且常常看到的切变不是气象上的真实切变。

速度退模糊算法在资料连续的地方最成功,因此不适当的退模糊速度很可能出现在缺乏连续性资料的区域。

(2)有时会对位于下游的算法造成不利影响。不适当的退模糊速度将对其他算法造成不利影响,比如导致虚假的中气旋被鉴别为真,或者会误发警报,因此操作员在解释产品时需要仔细。

2.5　新一代天气雷达的主要局限性

在应用新一代天气雷达提供的数据进行预报前,需要了解天气雷达数据覆盖范围、波束展宽、地平线、显示区域的特点和存在的局限性。

新一代天气雷达系统提供较高灵敏度及分辨率的反射率因子、平均径向速度及谱宽三种基数据,从图 2.29 中可见,新一代天气雷达所探测到的反射率因子数据范围可覆盖 $0\sim460$ km,速度数据范围可覆盖 $0\sim230$ km。基数据通过 RPG 中的气象水文算法形成的分析产品称为导出产品。一些算法以不同的格式显示基数据,称为无特定算法的导出产品;另一些算法则分析基数据以生成导出产品,称为有特定算法的导出产品。和速度有关的导出产品的相应覆盖范围为 $0\sim230$ km,基于反射率因子的算法的覆盖范围为 $0\sim345$ km。

天气雷达还存在波束展宽和雷达地平线两个主要局限性。雷达的波束宽度是 $1°$ 立体角,随着距离增加,波束横截面的尺度(直径)也增大(图 2.29),到距离雷达 230 km 处,波束宽度已将近 4 km。有些雷暴尺度的涡旋(中气旋)的尺度也只有 4 km 左右,这样在 230 km 处的地方要探测到类似尺度的中气旋就有一定困难,即便探测到其强度也由于平滑作用而被大大削弱。另一个局限是雷达地平线。虽然在标准大气情况下水平发出或以很小仰角发射出的雷达波束略微向下弯曲,但其曲率只有地球曲率的四分之一,随着距离的增加,最低仰角($0.5°$)的波束中心高度也增高,在距离雷达 230 km 处,$0.5°$仰角波束中心的高度为 5.1 km,降水系统或雷暴的下半部分将探测不到,在 345 km 处和 460 km 处,其高度分别为 10.0 km 和 16.5

km,此时雷达波束从雷暴或降水系统顶上穿过。也就是因为这个原因,SA 和 SB 雷达的反射率因子最大探测距离设定为 460 km。上述两个局限性导致雷达的探测能力随着降水系统离开雷达的距离增加而降低。

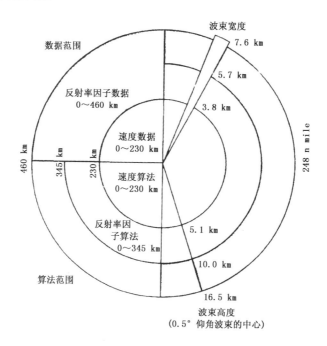

图 2.29　天气雷达波束展宽、地平线和显示区域

除了上述雷达的固有局限性,新一代天气雷达体扫的最高仰角为 19.5°,19.5°以上的静锥区区域没有观测,使得当雷暴等降水系统距离雷达很近时,其上半部分因位于静锥区而无法探测到。

综合考虑上述几个因素,多普勒天气雷达的最佳探测范围大致为 25～120 km。雹暴例外,强烈雹暴的最有效探测范围可以扩展到 300 km。

2.6　复习思考题

1. 我国新一代天气雷达主要采用的体扫模式有哪些?
2. 天气雷达有哪些固有的局限性?
3. 给出雷达气象方程的表达式,并解释其中各项的意义。
4. 给出反射率因子在瑞利散射条件下的理论表达式,并说明其意义。
5. 给出后向散射截面的定义式及其物理意义。
6. 什么是天气雷达脉冲重复频率?什么是波束的有效照射深度和有效照射体积?
7. 何谓多普勒效应?
8. 多普勒两难指的是什么?
9. 地物杂波有哪几种?抑制地物杂波的主要思路是什么?
10. 超折射在雷达回波图上的特点是什么?出现超折射表明当时的大气状况怎样?

11. 什么叫距离折叠？什么叫速度模糊？最大不模糊距离和最大不模糊速度的表达式是什么？

12. 速度退模糊算法的主要思路是什么？CINRAR-SA 雷达速度退模糊算法的主要步骤有哪几步？

第3章　多普勒天气雷达图识别基础

学习要点

本章介绍了降水回波、非降水回波等的反射率因子图像识别方法,不同尺度的速度场识别方法。

多普勒天气雷达与常规天气雷达的主要区别在于它可以测量目标物相对于雷达的径向速度,从而大大加强了天气雷达对各种天气系统特别是强对流天气系统的识别和预警能力。在本章中,我们主要介绍多普勒天气雷达反射率因子图和径向速度图的识别方法,并给出一些常见的实例。

3.1　雷达图像的 PPI 显示方式

新一代天气雷达是在一系列固定仰角上扫描 360° 方位角进行采样的,即在某一个仰角,雷达天线绕垂直轴进行 360° 扫描,通过这种扫描方式所采集的资料并非水平面上的资料,而是一个一个圆锥面上的资料(图 3.1)。在每个仰角上,以雷达为中心,沿着雷达波束向外,径向距离增加的同时距地面的高度也增高,所以在一张雷达图上,我们看到距离雷达位置越远的一点不仅意味着该点在水平方位上距离雷达越远,还意味着该点所处的高度越高。因此,当我们在主用户处理器 PUP 软件中分析一张雷达图时,实际上是在圆锥的俯视平面图上分析空

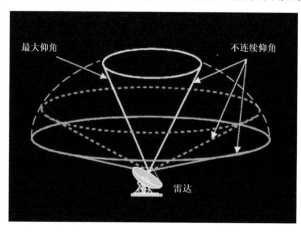

图 3.1　雷达扫描示意图

间的雷达回波。这种固定仰角的雷达图显示方式称为 PPI,是雷达回波最常用的显示形式。

从图 3.1 中我们看到,雷达有固定的扫描仰角,也就意味着雷达只能获取从最低仰角至最高仰角之间的资料。对于雷达无法扫描到的位置,我们称之为雷达盲区。

3.2　反射率因子图

3.2.1　反射率因子

基本产品是指将雷达以各种观测方式得到的基数据,在不变化其数据特性的前提下,在多种不同的坐标中呈现出来。基本产品具有实时性强、直观和形态特征明显的优点。反射率因子图、平均径向速度图和谱宽图是三种基本产品。首先介绍一下反射率因子产品。

3.2.1.1　生成原理

该产品是由 4 个连续的 0.25 km 距离库上雷达后向散射功率平均而成,这个平均功率在 RDA 被转换成 dBZ,并形成基数据,然后由宽带通信送到 RPG。图像上每个像素点代表了 1 km×1°波束体积内云雨目标物的后向散射能量。

3.2.1.2　产品特征

(1)显示分辨率

具有 1°波束宽度的反射率因子产品的 3 种分辨率和相应范围分别为:

1 km ——范围 230 km

2 km ——范围 460 km

4 km ——范围 460 km

1 km 分辨率的产品显示所有的波束宽度为 1°、分辨率为 1 km 的原始数据。分辨率为 2 km 的产品显示 2 个连续的 1 km 分辨率数据中的最大值。分辨率为 4 km 的产品显示 4 个连续的 1 km 分辨率数据中的最大值。无论采用哪一种分辨率来显示产品,原始分辨率的最大反射率因子值总是被保留。

(2)数据等级

反射率因子产品分 16 个层次、8 个层次 2 种。数据等级用 dBZ 来表示,并以该等级的下限阈值来显示。根据 3 种不同的分辨率和 2 种不同的数据等级的系列,一共可以构成 6 种反射率因子产品,产品号为 16~21。

(1)可调参数

在 PUP 中每个产品可选择不同的显示仰角。在 UCP 中可调整数据等级范围。

3.2.1.3　产品应用

(1)探测降水云体的强度、移动及发展趋势。例如,可依靠反射率因子产品确定回波的强度,确定风暴的结构以及强降雪带。反射率因子随时间的变化是用来确定降水回波移动以及未来趋势的极好工具。

(2)识别显著的强风暴结构特征,如弱回波区、回波墙、钩状回波、后向入流等。

(3)识别锋面、飑线等天气学特征。

(4)由于具有高灵敏度,在晴空模式下基本反射率因子产品可以探测诸如飞鸟、昆虫、森林火灾等非降水特征。

3.2.1.4　产品局限性

降水模式下不能显示一些弱晴空回波。

3.2.2　降水回波

降水的反射率因子回波大致可分为三种类型:积云降水回波、层状云降水回波和积云层状云混合降水回波。积云降水经常被称为对流云降水。

对于新一代天气雷达而言,积云降水回波通常具有比较密实的结构,反射率因子空间梯度较大,最大的反射率因子超过 35 dBZ;层状云降水回波比较均匀,反射率因子空间梯度较小,反射率因子一般小于 35 dBZ;积云层状云混合降水回波呈现以上两种特征。

图 3.2 显示零散的对流降水回波,对应于局地性的雷阵雨天气,可以看到其密实的结构。纯粹的层状云降水回波并不多见,通常是层状云和积云的混合降水回波。图 3.3 为 2003 年 7 月 10 日一次淮河流域暴雨过程的反射率因子图像,这是一个以层状云降水为主的回波,在大片层状云降水区中,有少量对流云(积云)。

图 3.4 给出的是 2012 年 7 月 21 日北京大暴雨过程的反射率因子图像,是以积云为主的混合降水回波。从此次过程的雷达回波演变和几个时次的垂直剖面图上可见,此次过程具有典型的热带型降水回波特征,即对流降水系统质心较低,40 dBZ 以上回波基本位于 6 km 以下,最强回波中心位于 2~4 km。因此降水效率很高,强回波所对应的 1 小时雨强在 70~90 mm 左右。另外,从整个过程来看,对流系统呈现多组波包对,从西南象限生成的多个雷暴单体沿着西南—东北向传播,在传播路径上的北段,雷暴单体明显加强,而后段有雷暴不断新生,在整个生命史周期内整个雨带的轴线位置变化不大,形成了"列车效应"(孙继松等,2012)。

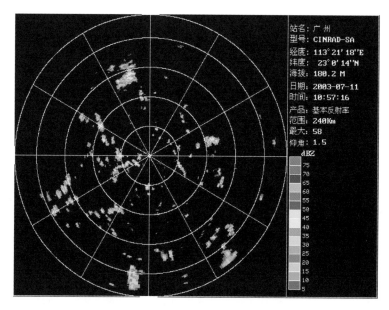

图 3.2　2003 年 7 月 11 日广州雷达观测到的零散的对流降水回波(1.5°仰角)

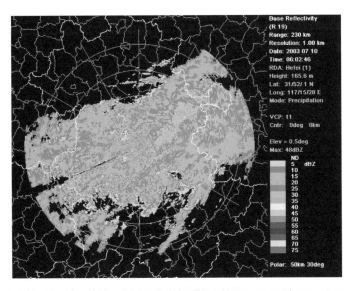

图 3.3　2003 年 7 月 10 日合肥雷达观测到的以层状云降水为主的混合降水回波(0.5°仰角)

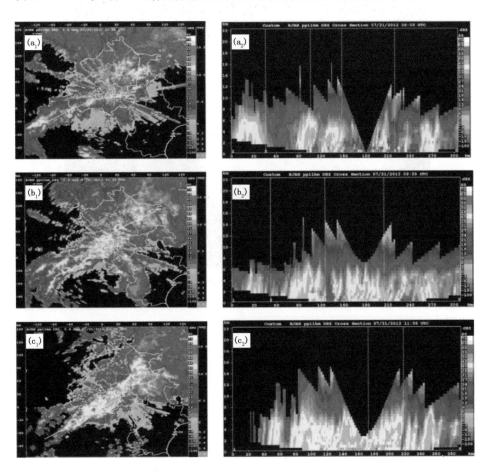

图 3.4　2012 年 7 月 21 日 16 时(a_1, a_2)、18 时(b_1, b_2)、20 时(c_1, c_2)北京雷达反射率因子分布
(仰角 0.5°)及其黄线对应的垂直剖面

　　在层状云降水或层状云积云混合降水的反射率回波中,我们通常可以看到一种特殊的降水回波。在反射率因子图上,雷达附近出现一个以雷达为中心的高反射率圆环,并且其出现的高度在0℃所处高度附近,它被称之为"0℃层亮带"。通常在高于2.4°仰角上比较明显。

　　0℃层亮带的形成有两方面原因。一方面,在0℃层以上,较大的降水粒子大多为冰晶和雪花,过冷水滴因为尺度较小对反射率因子的贡献不大。降水粒子下降过程中经过0℃层刚发生融化时,其表面出现一层水膜,而降水粒子尺寸本身变化不大,此时雷达会将这种"水包冰"的粒子误认为是尺寸较大的降水粒子,反射率因子迅速增加。同时,冰晶和雪花在下降过程中,有强烈的碰并聚合作用,导致粒子尺度增加。另一方面,当冰晶和雪花继续下降至完全融化为水滴时,其尺度会减小,同时大水滴的下落末速度增大,使单位体积内水滴个数减少,反射率因子降低。多数情况下,0℃层亮带中心的反射率因子与其上的雪中和其下的雨中的雷达反射率因子的比值分别为15～30倍和4～9倍。

　　图3.5给出了2007年3月4日营口SA雷达观测到的一次降雪过程的反射率因子图像(3.4°仰角),显示有明显的0℃层亮带。

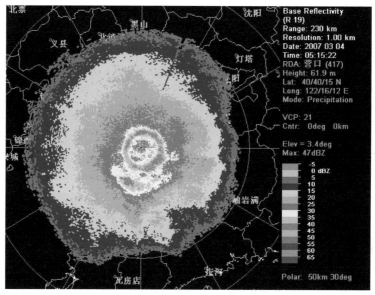

图3.5　0℃层亮带

3.2.3　非降水回波

　　有时我们看到的回波也许并非是降水回波,下面介绍几种常见的非降水回波,包括地物杂波、昆虫和鸟的回波、飞机的回波和同波长干扰等。能够对降水回波和非降水回波进行区分是雷达图识别的前提。

3.2.3.1　地物杂波

　　地物杂波有两种,一种是固定地物回波,另一种是超折射地物回波。在雷达设置上,对固定的地物杂波可以进行自动识别,杂波抑制器始终开启,因此我们看到的通常是经过雷达处理后残留的地物杂波。

　　总的来说,多普勒天气雷达地物杂波主要影响最低仰角的产品。固定地物杂波是由于雷达探测到了其观测范围内的高建筑物、山脉等地面物体造成的。对于一个特定的仰角而言,典型的地物杂波不随时间变化,即在不同的体扫之间形态基本不变,并且会在大多数时间出现。

在反射率因子图上,距离雷达较近的地物会导致较高的反射率。如果地物杂波不被抑制,那么雷达会赋予其高反射率值,但由此导致的高反射率值一般会呈无规则分布,从一个像素到邻近像素之间会有很大的变化。在被抑制以后,我们通常看到的是米粒状的不连续的反射率因子图像。在平均速度产品图像上,由于地面物体是静止的,因此其径向速度接近于零,在速度图像上出现大片的零速度区。但有时也会出现非零速度值,比如海浪、汽车、飞机等。

图 3.6 显示 2002 年 7 月 1 日 16 时 53 分天津塘沽 CINRAD-SA 雷达 0.5°仰角和 2.4°仰角的反射率因子图以及 0.5°仰角速度图。图中白色圆圈指示的区域即为滤波后固定地物杂波的残留。

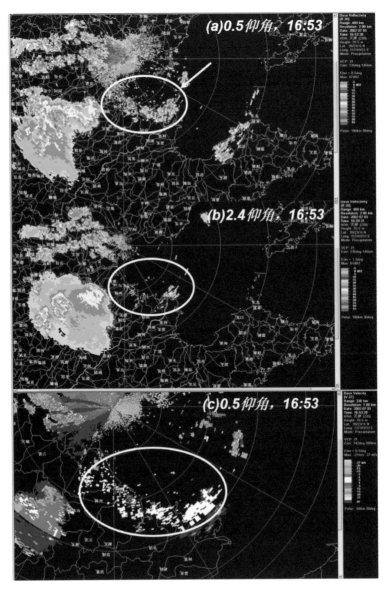

图 3.6　2002 年 7 月 1 日 16 时 53 分天津 0.5°仰角(a)、2.4°仰角(b)反射率因子图和(c)0.5°仰角速度图

超折射地物回波是指雷达波束在距离雷达较远处弯曲到地面,在地面被地物散射后一部分能量回到雷达天线(图3.7)。这种现象是由于大气折射指数随高度迅速减小造成的,往往出现在温度随高度增加(逆温)或湿度随高度迅速减小的情况下。逆温引起的超折射主要出现在半夜和清晨,而湿度随高度迅速减小的情况大多出现在大雨刚刚过后。一般这类回波主要出现在0.5°仰角,当仰角抬高到1.5°仰角时,超折射地物回波会迅速衰减或完全消失。与地物杂波相似,超折射地物回波也来自于地面目标物,一般是静止不动的,因此其在速度图像上也呈现大片的零速度区。图3.8a是2008年5月19日凌晨濮阳雷达观测到的超折射回波,图3.8b给出了当天08时的探空曲线,可以看出低层存在明显的逆温层,并且湿度随高度增加迅速减小,这种层结条件下会出现非常强烈的块状结构超折射。另外,图3.8a中放射状线条是同波长干扰造成的,与超折射无关。

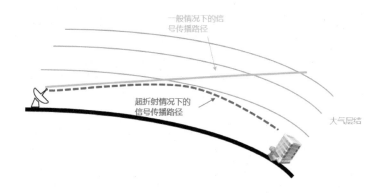

图3.7　超折射地物回波的形成原因

通过上面的阐述,根据地物杂波的特点,可以归纳出几种方法来帮助识别地物杂波(参见图3.6)。一是,抬高仰角查看反射率因子图是否有变化,一般地物杂波都出现在0.5°等较低的仰角上,当抬高仰角即可看到大部分地物杂波已消失(图3.6b)。二是,翻看前后时次的反射率因子图,地物杂波是固定出现在同一位置的,不像降水回波会随着时间变化而移动或发展。三是,查看该时次对应的径向速度图像,由于地物杂波是地面固定物体造成的,因此其速度图上该位置会显示速度为零(图3.6c)。

3.2.3.2　晴空回波

这一部分我们介绍两种常见的晴空回波:低空晴空回波和锋面回波。

首先我们来看一下低空晴空回波。图3.9为2016年7月3日08时北京SA雷达0.5°仰角反射率因子图。从图中可以看到,从雷达到大约距离雷达100 km范围内存在大片的弥散的晴空回波(图3.9),其最大回波高度一般在2~3 km以下,回波强度在0~10 dBZ范围内,但卫星可见光云图表明这片区域以晴空区为主(图3.10)。

关于低空晴空回波产生的原因存在两种解释。

一种解释认为,是晴空湍流造成的大气水汽和温度,尤其是水汽脉动导致微尺度的大气折射指数梯度对雷达波的散射形成的。当大气折射指数梯度的空间尺度相当于雷达波长的二分之一时散射最强,称为Bragg散射。

另一种解释认为,是由于低层大气中的昆虫散射导致的(Wilson et al.,1994)。根据

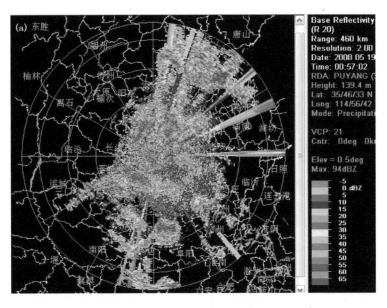

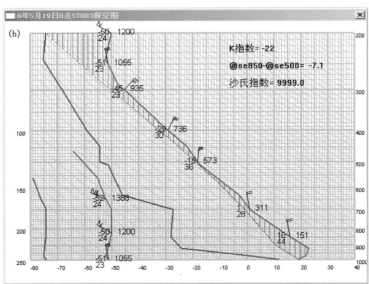

图 3.8　2008 年 5 月 19 日凌晨濮阳 SB 雷达 0.5°仰角反射率因子图(a)和 08 时探空曲线(b)

Doviak 和 Zrnic(1984),强的晴空湍流造成的大气折射指数梯度回波强度一般不会超过 -10 dBZ,即使在极端情况下,比如在强的阵风锋附近也很难超过 0 dBZ,因此很难用大气折射指数梯度回波解释图中 0~10 dBZ 的回波强度,而昆虫说可以相对有说服力地解释图中的晴空回波,所以昆虫说是目前关于晴空回波最流行和被广泛认可的解释。在雷达探测的每一个像素点内,只要有少量的几个昆虫即可出现一定值的反射率因子。

　　下面介绍锋面回波,包括阵风锋、海风锋及其他边界层辐合线的回波。

　　以阵风锋为例,雷暴云中的下沉气流到达地面,与其前方的暖湿空气交汇,形成阵风锋的锋面。在锋前有较强的上升气流,锋面附近聚集的昆虫将被上升气流吹到更高的高度上,昆虫

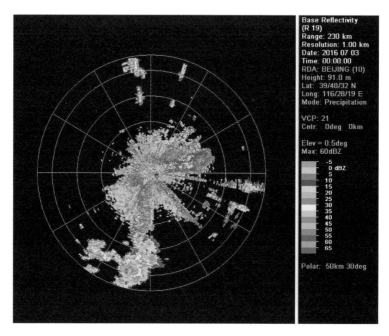

图 3.9　2016 年 7 月 3 日 08 时 00 分(北京时)北京 SA 雷达 0.5°仰角
反射率因子图(图上标注时间为世界时)

图 3.10　2016 年 7 月 3 日 08 时 00 分(北京时)卫星可见光云图

本身会抵抗上升气流的作用,但其力量不足以抵挡上升气流,因此在锋面处就会出现昆虫聚集
区,并造成雷达回波,在反射率因子图上显示为长条状的细长回波(图 3.11)。图 3.12 给出了
2016 年 7 月 3 日 16 时 24 分北京大兴 SA 雷达探测到的一次阵风锋触发雷暴的实例,反射率
因子图(左图)中明显可见两条窄带回波,并且西南侧的窄带回波已经触发出了一个雷暴,速度
图(右图)上在窄带回波对应处出现了明显的东北风与西南风交汇的锋面。

　　一般而言,锋面回波的反射率因子在 10~30 dBZ 之间,垂直厚度在 1 km 左右,少有 2~
3 km 的情况出现,仅在比较靠近雷达的低仰角区域内可见。有时在高分辨率的可见光云图
上,与上述雷达窄带回波对应,有积云线存在,但通常没有降水。海风锋回波形成原理与阵风
锋类似,不再赘述。锋面回波也是由于昆虫回波导致的。预报中,需要特别关注此类窄带回

波,由于窄带回波前方有利于雷暴发展的上升气流旺盛,当条件有利时往往会在锋面处触发新的雷暴。

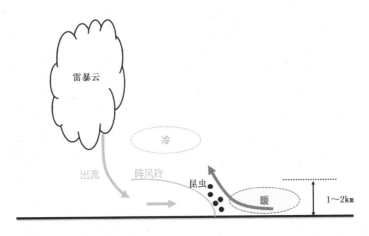

图 3.11　阵风锋回波的形成

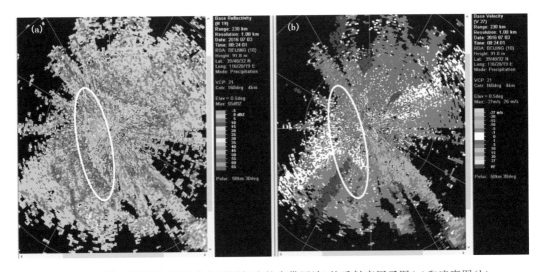

图 3.12　锋面的回波(图中白色圆圈标出的窄带回波)的反射率因子图(a)和速度图(b)

3.2.3.3　非降水云的回波

有时非降水云也会产生 0℃层亮带,回波强度在−5~10 dBZ 之间。图 3.13 为 2005 年 4 月 24 日 21 时 40 分江苏盐城 SA 雷达 6.0°仰角反射率因子图。图中可见环状的回波带,其强度在−5~10 dBZ 之间,与探空对比发现,环状回波带外边界对应的高度为 3.1 km,刚好对应当时的 0℃层高度。非降水云回波中 0℃层亮带的形成与降水回波中 0℃层亮带的形成原因类似。在 0℃层以上,非降水云中的冰晶很小不足以产生−5 dBZ 以上强度的回波,因而在屏幕上没有显示,当冰晶降到 0℃层以下开始融化但没有变成云滴之前,反射率因子因为相态的改变和粒子的合并效应而大大增强,出现了环状的较强回波,当粒子进一步下降完全融化为大云滴时,粒子等效直径迅速减小,下降加快也导致数密度减小,造成亮带以下回波又突然减弱,达不到−5 dBZ 以上。雷达周边的−5~10 dBZ 的回波为低层大气中昆虫产生的回波。

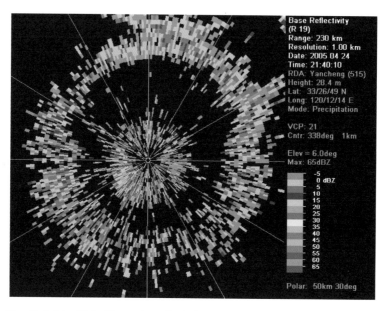

图 3.13　2005 年 4 月 24 日 21 时 40 分(北京时)盐城 SA 雷达 6.0°仰角反射率因子图

3.3　平均径向速度图像

3.3.1　平均径向速度和谱宽

3.3.1.1　生成原理

多普勒雷达采样以多普勒效应($f=2v/\lambda$)为基本原理,计算得到每个 0.25 km×1°体积内降水目标物的平均径向速度(图 3.14)。

基本谱宽表示样本体积内云雨目标物的速度离散程度,即速度估计方差的度量。湍流、风切变、不均匀的粒子下落速度和其他非气象因子均可导致高谱宽值(图 3.15)。

3.3.1.2　产品特征

(1)显示分辨率

具有 1°波束宽度的平均径向速度产品的 3 种分辨率和相应范围分别为:

0.25 km　——　范围 60 km

0.5 km　——　范围 115 km

1 km　——　范围 230 km

0.25 km 分辨率的产品显示所有的波束宽度为 1°、分辨率为 0.25 km 的原始数据。分辨率为 0.5 km 的产品显示 2 个连续的 0.25 km 分辨率数据中的第一个值。分辨率为 1 km 的产品显示 4 个连续的 0.25 km 分辨率数据中的第一个值。无论采用哪一种分辨率来显示产品,保留的总是 0.25 km 分辨率数据中的第一个值。

(2)数据等级

平均径向速度产品分 16 个层次、8 个层次 2 种。可以通过改变速度数据的等级范围强调

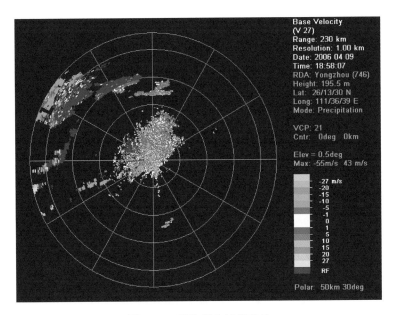

图 3.14　平均径向速度产品

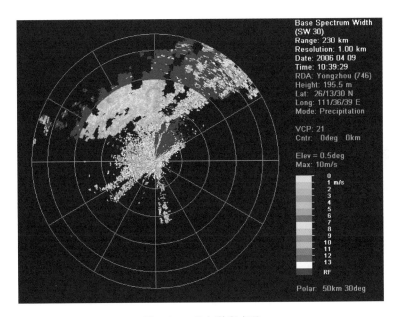

图 3.15　基本谱宽产品

某一重要的气象状况,如强雷暴判据、低空急流、热带风暴及山谷风等。负值代表朝向雷达径向速度,正值代表远离雷达径向速度。产品号为 22～27。

　　谱宽产品为 16 个层次。产品号为 28～30。

　　(3)可调参数

　　在 PUP 中每个产品可选择不同的显示仰角。在 UCP 中可调整数据等级范围。

3.3.1.3　产品应用

平均径向速度：

(1)探测地面相对风场。由径向速度可确定相对于地面的风速,直接用于警报、研究和预报。

(2)探测大气结构。根据风速随高度的变化可以确定低层或中层急流;根据风向随高度顺时针旋转或逆时针旋转可确定各层冷暖平流。

(3)探测风暴结构。根据平均径向速度产品可识别风场气旋、反气旋式旋转,风暴顶辐散或近地面层辐散等特征。

(4)速度数据可以用来产生、调整和更新高空风分析图,反映两次探空间隔期间的速度变化。

(5)速度数据可以用来确定边界(密度不连续面)的辐合,如锋面、干线和外流边界等。

谱宽产品：

(1)评估平均径向速度产品的可靠性。一般来说,高谱宽区蕴含着平均径向速度有较大的不确定性。例如,在平均径向速度产品中,如果较强的出流速度与较强的入流速度相邻,且谱宽大于 $6~\mathrm{m \cdot s^{-1}}$,则应进一步与基本反射率因子资料作对比分析,通过分析风暴结构来了解速度特征。

(2)确定边界(密度不连续面)位置及估计湍流大小。

(3)确定中气旋及龙卷的位置。由于较大的径向速度切变通常与中气旋及龙卷有关,因此谱宽产品可用于确定中气旋及龙卷的位置。

3.3.1.4　产品局限性

(1)与雷达波速垂直的风被表示为0。

(2)距离折叠。当所关注的区域发生距离折叠时,可通过在远程 UCP 上调整脉冲重复频率(PRF),改变最大不模糊距离将所关注区域的距离折叠去掉;或通过选择一个较高的仰角扫描克服距离折叠问题。

(3)不合适的速度退模糊会显示错误的速度值。去速度模糊的算法是用相邻距离库的值来检验初猜速度值,并且将速度资料和环境风作比较。缺少探空资料或使用没有及时更新的环境风表将会导致算法失败,因此在远程 UCP 上及时更新环境风表使去模糊算法失败的可能性减少到最小。另外,可在远程 UCP 上提高脉冲重复频率(PRF),增大最大不模糊速度,降低需速度退模糊的数据量,减少出错概率。选择不同的仰角扫描亦是一种可行办法。

3.3.2　较大尺度连续风场的识别

多普勒天气雷达在探测范围内可以测量任意一点上降水粒子的径向速度。在这里要注意,雷达探测的是降水粒子相对于雷达沿着径向的速度,而非是降水粒子的实际速度。

在 PUP 上,径向速度的大小和正负是通过颜色变化表示的,一般暖色表示正径向速度,即离开雷达的速度,冷色表示负径向速度,即朝向雷达的速度。因此,在分析速度图时,应首先查看色标。离开雷达和流向雷达的速度分别被称为出流速度和入流速度。

要判断某一高度的风向风速,首先需要确定该等高面与某一个仰角扫描构成的圆锥面相交得到的圆环,根据该圆环上径向速度的分布特征,确定该圆环所在高度的风向风速。

（1）风向的确定

当实际风速为零或雷达波束与实际风向垂直时，径向速度为零，称为零速度。径向速度相同的点构成等速度线，零等速线由径向速度为零的点组成。

首先确定径向速度零线与某一高度的圆环的交点，用直线连接雷达中心和该交点，从该交点画一矢量垂直于连线，方向从入流速度一侧指向出流速度一侧，此矢量即表示交点所在高度层的实际风向（图 3.16）。若零等速线为直线，且横跨整个 PUP 显示屏，则表示在雷达所探测到的各高度层上，实际风向是均匀一致的。

（2）风速的确定

沿着圆环寻找出流速度和入流速度的极值，二者绝对值的平均值就是该高度上的平均风速（图 3.16）。

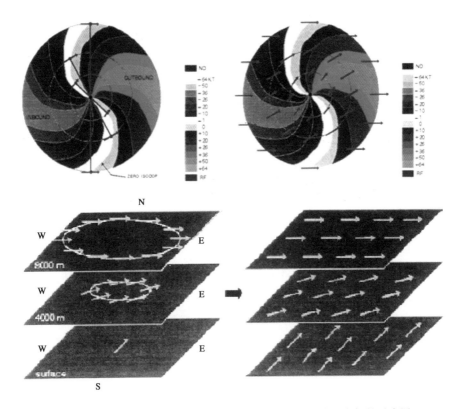

图 3.16 由某一仰角径向速度分布反推雷达上空平均速度场的示意图

上述判断实际风向和风速的方法，一般只适用于风向均匀或风速连续变化的情况，对于诸如锋面等风向不连续的情况不一定适合。根据零等速线反推实际风向时须特别注意，表示实际风向的矢量必须与从 PUP 显示屏中心到零等速线上某一点的连线垂直，而不是与零等速线垂直。

图 3.17 给出了水平均匀风场情况下，等仰角面上各种垂直风廓线的径向速度型。纵坐标为 3 种风向垂直廓线，包括随高度不变、随高度线性增加和在中间高度有一个极大值。横坐标为 4 种风速垂直廓线，包括随高度不变、随高度线性增加、单极值结构和双极值结构。

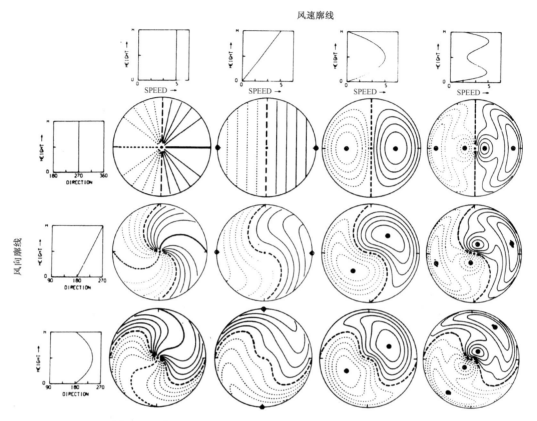

图 3.17　水平均匀风场情况下各种垂直风廓线的径向速度型

（其中虚线代表入流速度等值线,实线代表出流速度等值线,粗实线代表径向速度零线）

图 3.18 给出了 2007 年 3 月 4 日午夜前后北京 SA 雷达 3.4°仰角的径向速度图。利用上述判别方法,可以识别低层为东北风,并存在一个 18 m·s⁻¹ 的东北风低空急流,风向随高度顺时针旋转,逐渐转为东风、东南风、南风、西南风;在对流层中层存在一个 23 m·s⁻¹ 左右的南风急流。

3.3.3　大尺度水平风场不连续流型的识别

零等速线的形状不仅可以帮助我们分析风向随高度的变化,还可确定某些水平风场不连续线如锋区、切变线等的位置及其附近的流场结构。

图 3.19 中,锋区从西北方移向 RDA,其周围风场分布如图 3.19a 所示,图 3.19b 为相应的雷达径向速度图。零等速区(线)有两个(条),一个是通过 RDA 的,呈"S"形结构,另一个是未过 RDA 的,呈反"S"形结构。根据前一个零等速区及其附近的一对"牛眼"径向速度分布,可以判断该区域的风向由南风顺转为西南风,风速先增后减,最大风速(约为 64 kn)位于第二个距离圈对应的高度,在中间高度层,风向迅速顺转为西风,再往上逆转为西南风。后一个零等速区(线)的左侧为入流的径向速度,右侧为出流的径向速度,风向转变近 90°,因此该零等速线是风场的不连续线即锋区所在。在锋区的西南段,由于锋前后都是入流的径向速度,因而

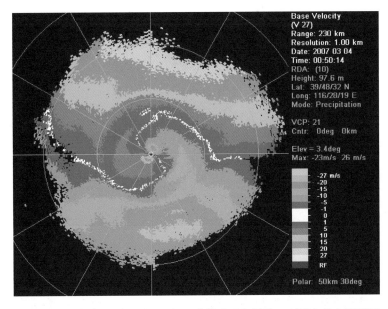

图 3.18　2007 年 3 月 4 日 00 时 50 分北京 SA 雷达 3.4°仰角径向速度图

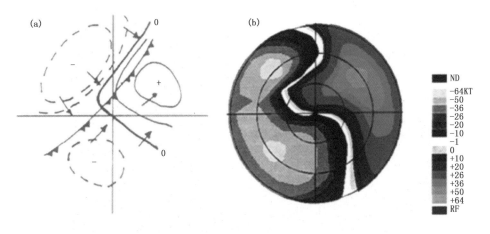

图 3.19　锋面从西北方向移向雷达时的风场示意图(a);与(a)中流场相对应的雷达径向速度图模拟图(b)

零等速线不存在,故在分析锋区附近的速度图像时,应沿不连续线向另一侧延伸,但延伸多长,则需按经验大致估计。不连续线左侧的一只"牛眼",表示锋后的风速随高度也是先增后减。图 3.20b 给出了实际冷锋的雷达径向速度图,此时冷锋还未到达雷达,冷锋后为西北风,冷锋前为西南风。图 3.20a 为相应的反射率因子图,对应冷锋位置存在一个狭窄的相对强的回波带。

　　需要指出的是,多数冷锋还没有到达雷达时不见得呈现出像图 3.20 那样的明显特征,但一定会呈现出径向速度的某种不连续。图 3.21 给出了 2007 年 7 月 18 日下午济南 SA 雷达观测的冷锋还没有到达雷达时的径向速度图。该冷锋从北往南移动,锋后为偏北气流,锋前为西南气流。

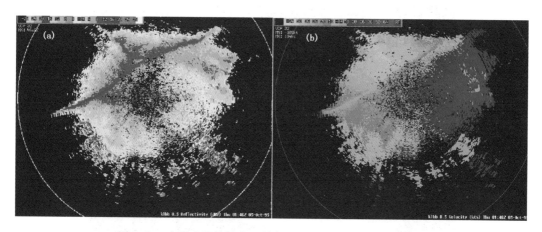

图 3.20　实际冷锋的雷达反射率因子图(a)和径向速度图(b)

(此时冷锋还未到达雷达,冷锋后为西北风,冷锋前为西南风)

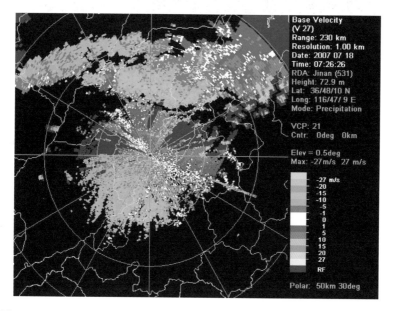

图 3.21　2007 年 7 月 18 日 15 时 26 分济南齐河 SA 雷达 0.5°仰角径向速度图

(图中标注时间为世界时)

　　图 3.22 中,锋区自西南向东北穿过 RDA,周围流场如图 3.22a 所示,图 3.22b 给出了相应的雷达径向速度图。图 3.22b 与图 3.19b 类似,锋前为偏南风到西南风,锋后为西北风。

　　图 3.23 中,锋区位于 RDA 的东南,即冷锋已移过雷达测站,其风场分布示意图如图 3.23a 所示,相应的雷达径向速度图如图 3.23b 所示。该图像中有三个零等速区(线),其中位于 RDA 东南呈西南—东北向的零等速区即是锋区,并向东北方延伸;锋前为西南风,锋后基本为西北风,但风向随高度缓慢逆转。在雷达有效探测范围内,风速随高度增加。

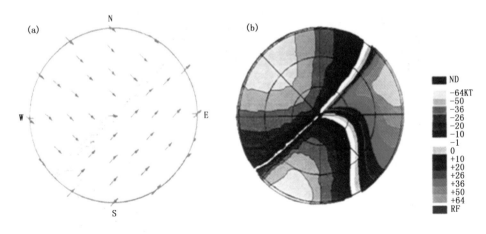

图 3.22　锋面从西北方向移向雷达时的风场示意图(a)及与
其流场相对应的雷达径向速度图模拟图(b)

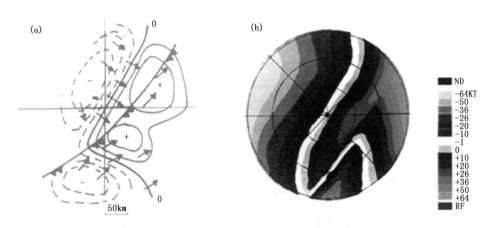

图 3.23　锋面从西北方向移过雷达时的风场示意图(a)及与
其流场相对应的雷达径向速度图模拟图(b)

　　图 3.24 给出了锋面已经移过雷达的一个例子,它是 2003 年 6 月 22 日合肥 SA 雷达观测到的一次冷锋降水个例。锋前有明显的西南风,径向速度零线的折角很明显。

　　在多普勒天气雷达回波图上识别锋面,最好是径向速度图和反射率因子图结合起来,如图 3.20 那样,会使识别变得更容易。另外,通过动画显示的方式也容易识别出风向突变的位置,有助于锋面的识别(图 3.25)。

3.3.4　γ 中尺度(2~20 km)系统的速度图像特征

　　以上讨论的速度图像都是反映较大尺度系统特征的,本小节主要介绍如何识别 γ 中尺度速度场特征。γ 中尺度系统往往与暴雨、冰雹、雷雨大风、龙卷、下击暴流等灾害性天气密切相关,因此识别 γ 中尺度系统的多普勒速度图像特征,是今后应用实测资料分析强对流天气的重要基础。

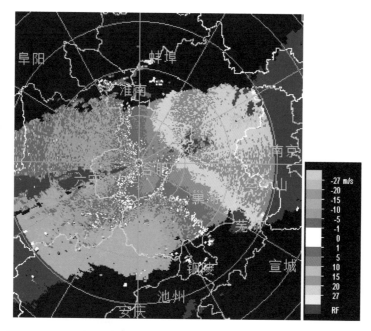

图 3.24　2003 年 6 月 22 日 16 时 07 分合肥 SA 雷 0.5°仰角径向速度图

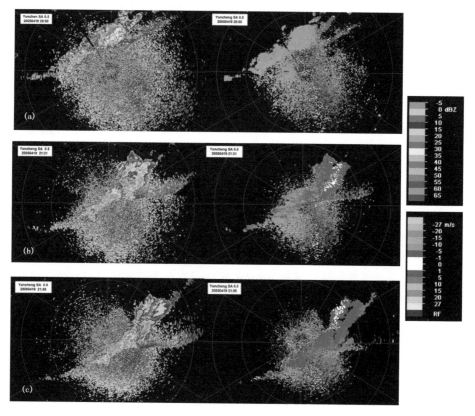

图 3.25　阳城 2015 年 4 月 19 日锋面过境的反射率因子图和雷达径向速度图
(a)锋面未到达雷达;(b)锋面到达雷达;(c)锋面已经经过雷达

　　γ 中尺度系统的速度图像特征不是在整个 PUP 显示屏范围内识别,而是在显示屏上选择一小区域(该区域包含了整个 γ 中尺度系统),将其放大显示,识别 γ 中尺度系统。因此,在识别 γ 中尺度系统的速度图像特征时,首先应确定所选择的小区域在雷达有效探测范围内的方位及小区域的方向,并近似认为该小区域在同一高度层上。不妨假设小区域均位于雷达探测区的正北方(图 3.26)。

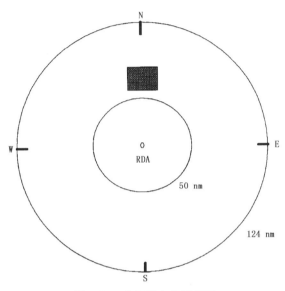

图 3.26　小区域方位示意图

　　在小区域内,当一对最大入流/出流速度中心距雷达(RDA)是等距离时,表示在该区域内有 γ 中尺度的旋转存在;沿雷达径向方向,若最大入流速度中心位于左侧,表示为气旋性旋转(图 3.27);若最大入流速度中心位于右侧,则为反气旋性旋转(图略)。

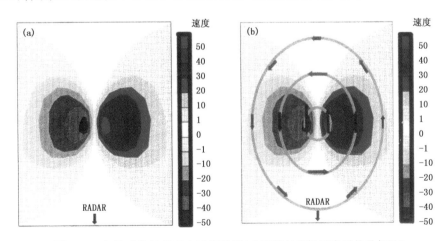

图 3.27　气旋式旋转的径向速度特征(a)及其与流场示意图的叠加(b)

　　当一对最大入流/出流中心距 RDA 不是等距离而且也不在同一个雷达径向时,若最大出流中心更靠近 RDA 并且最大入流中心位于雷达径向左侧时,表示小区域内的流场为气旋式辐合(图 3.28);反之,若最大入流中心更靠近 RDA 并且位于雷达径向左侧时,表示小区域内的流场为气旋式辐散(图 3.29)。

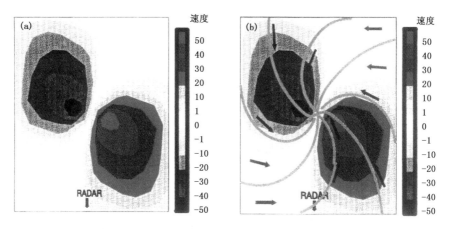

图 3.28　气旋式辐合的径向速度特征(a)及其与流场示意图的叠加(b)

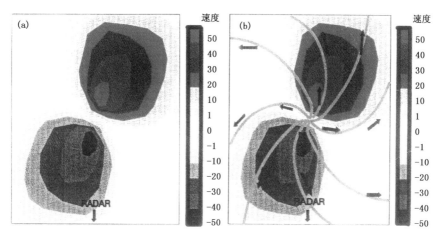

图 3.29　气旋式辐散的径向速度特征(a)及其与流场示意图的叠加(b)

　　γ 中尺度辐合/辐散流场的尺度较小,其源点或汇点和整个流场均在雷达的有效探测范围内。在包含 γ 中尺度辐合/辐散流场的小区域内,沿同一雷达径向方向有两个最大径向速度中心时,若最大入流中心位于靠近雷达一侧,则该区域为径向辐散区(图 3.30),反之,则为径向辐合区(图略)。

　　以上我们假定 γ 中尺度流场特征位于雷达的正北方,实际上,只要上述流场特征相对于其中心是轴对称的,则上述 γ 中尺度流场特征位于雷达的任何一侧其径向速度特征都是相同的。图 3.31 给出了一个小结,γ 中尺度流场位于雷达的不同方位,其中的 1、2 和 3 分别代表气旋式辐合、纯气旋和气旋式辐散,4 和 5 分别代表纯辐合和纯辐散,6、7 和 8 分别代表反气旋式辐合、纯反气旋和反气旋式辐散。这样,所有 8 种 γ 中尺度流场特征的径向速度图全部总结在图 3.31 中。

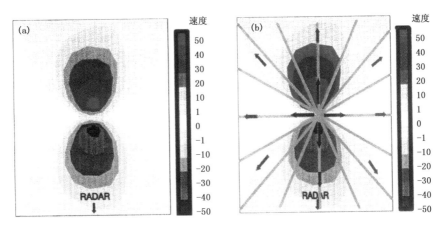

图 3.30 纯辐散的径向速度特征(a)及其与流场示意图的叠加(b)

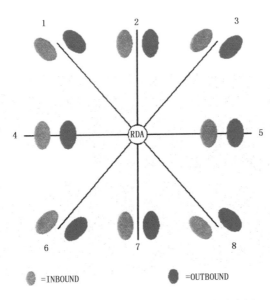

图 3.31 8 种 γ 中尺度流场特征的径向速度图

3.3.5 相对风暴的平均径向速度图(SRM)

我们知道,雷达探测的径向速度是降水粒子相对于雷达径向方向的速度。一个降水粒子的速度是由两方面共同决定的:一是风暴系统的移动速度,二是降水粒子相对于风暴系统的速度。对于移动速度快的风暴系统内部的 γ 中尺度气旋可能不是呈现出之前介绍的正负速度对,还会出现"正正速度对"和"负负速度对"。比如说,一个朝向雷达的负速度中心的内侧有一个速度比它小的负速度中心,这时也可能是一个中气旋。但颜色相近的两个速度大值中心不易被发现,为此我们可以借助相对风暴的平均径向速度产品(SRM)来帮助快速识别中气旋。此外,SRM 产品对了解风暴内部的结构也有很好的帮助作用。

3.3.5.1 生成原理

相对风暴的平均径向速度图生成原理与平均径向速度产品类似,只不过减去了由风暴单体识别与跟踪算法(SCIT)识别的所有风暴的平均运动速度,或减去由用户输入的风暴运动速度。

3.3.5.2 产品特征

(1)显示分辨率

具有 1°波束宽度的相对风暴的平均径向速度图的分辨率和相应范围为 1 km——范围 230 km。

对每个 0.25 km 距离库上的平均径向速度矢量减去一个估计的风暴移动矢量,并取 4 个 0.25 km 距离库中的最大值,生成 1 km×1°空间分辨率的相对风暴的平均径向速度产品。而平均径向速度产品取的是 4 个 0.25 km 距离库中的第一个值生成 1 km×1°分辨率的平均径向速度产品。

(2)数据等级

相对风暴的平均径向速度产品分 16 个层次。产品号为 56。与 27 号产品的对比见图 3.32。

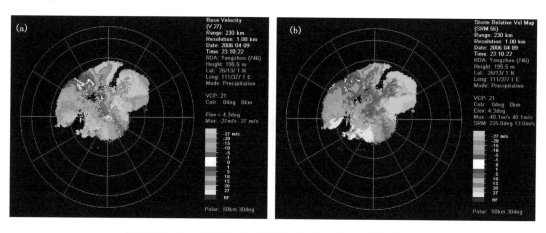

图 3.32　同一时间、地点、仰角的 27 号(a)与 56 号产品(b)

(3)可调参数

在 UCP 上可修改风暴移向移速,可根据探空资料对其更新。

3.3.5.3 产品应用

(1)产品主要用于探测中气旋、龙卷涡旋特征和中上层辐散等风切变系统。

(2)通过不同仰角产品的四分屏显示可观测风暴单体的三维速度场结构。

(3)有助于监测移动速度较快(>5 m·s⁻¹)的风暴单体。

(4)当输入的风暴移向移速为零时,可得到在每四个 0.25 km 距离库中取最大值的 1 km×1°分辨率的平均径向速度产品,这与常规 1 km×1°分辨率的平均径向速度产品不同。

3.3.5.4 产品局限性

(1)如减去的风暴移动矢量不是所监测风暴的代表值,则该产品描述的风暴相对气流将不正确。

（2）难以确定实际相对于地面的风场信息。

（3）由于减去的风暴平均移动矢量是 SCIT 算法结果每个体积扫描更新的，因此风暴相对平均径向速度产品很容易在相邻的体扫描内差别很大，这与风暴运动的实际变化不符。

图 3.33 中给出了利用相对风暴径向速度图识别中气旋的实例。从图中可见，原本不明显的一个中气旋经过相对风暴径向速度算法的处理之后清晰地呈现出了正负速度对。

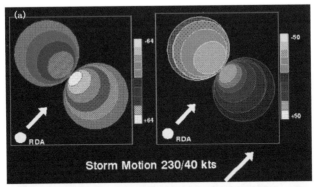

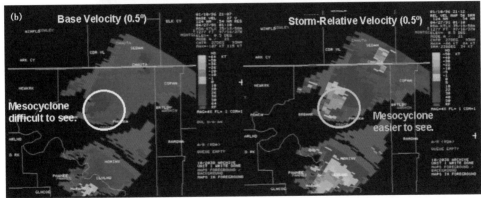

图 3.33　径向速度图(a)和相对风暴径向速度图(b)比较

3.4　复习思考题

1. 多普勒雷达探测的基本产品有哪些？它们的显示分辨率、数据等级分别是多少？探测范围分别是多少？

2. 降水的反射率因子回波有哪三种类型？

3. 什么是 0℃ 层亮带？是怎样产生的？

4. 超折射地物回波是由什么原因造成的？一般出现在什么时段？

5. 掌握较大尺度连续风场、大尺度水平风场不连续流型的识别。

6. 掌握 γ 中尺度系统的速度图像特征，会识别几种典型流场。

第4章 对流风暴的分类及其雷达回波特征

学 习 要 点

本章介绍了对流风暴的分类、结构、演变以及各类对流风暴的雷达回波特征和视觉特征。

传统上,将不太强的湿对流系统称为雷暴(thunderstorm),将比较强的湿对流系统称为对流风暴(convective storm)。"雷暴"和"对流风暴"(或"风暴")之间并没有本质的差别,只是强度上的差别。对流风暴通常由一个或多个对流单体组成,能够产生冰雹、大风、龙卷和暴洪等强对流天气,对国计民生和农业生产造成严重的影响。对流风暴的探测和预警是天气雷达的最主要任务。在本章中,主要讨论对流风暴的分类、结构、演变以及各类对流风暴的雷达回波特征和视觉特征。只有将对流风暴的回波特征与其视觉特征相结合,加上基于物理原理的推断才能充分地了解对流风暴的三维结构。

4.1 对流风暴的分类

对流风暴通常由一个或多个对流单体组成,对流单体水平尺度可以从 $1\sim2$ km 的积云塔到几十千米的积雨云系。一个对流单体通常以一块紧密的雷达反射率因子区或造成深对流的强上升气流区为标志。单体概念不是一个非常严格的概念,它的定义有一定的模糊性,因为任何所谓的单体内还有更精细的结构。对流单体(convective cell)分为普通单体(ordinary cell)和超级单体(supercell)。超级单体是一种非常强烈的相当稳定的对流单体,伴随着强烈的灾害性天气。由单个单体构成的对流风暴分为普通单体风暴和孤立的超级单体风暴。由多个单体构成的对流风暴也分为两类:团状分布的称为多单体风暴,线状分布的称为线风暴或飑线。

因此,对流风暴可以分为以下四类(Browning,1978):普通单体风暴(single cell storm)、多单体风暴(multicell storm)、线风暴(飑线)(multicell line storm or squall line)、超级单体风暴(supercell storm)。前三类风暴既可以是强风暴,也可以是非强风暴,第四类风暴一定是强风暴。需要指出的是,上述分类并不满足相互排它的原则,即多单体风暴和飑线中的某一对流单体可以是超级单体。尽管广义上的多单体风暴可以含有超级单体,但当谈到多单体风暴时,通常指全部由普通单体构成的多单体风暴;当提及超级单体风暴时,可以指孤立的超级单体风暴,也可以指包括超级单体在内的由多个单体构成的风暴,其中超级单体占支配地位。在多普勒天气雷达出现之前是根据时间上的持续稳定对超级单体作出定义的。近年来,随着多普勒天气雷达的普及,人们发现超级单体风暴具有区别于其他类型风暴的独特的动力学特征:它总是伴随着一个持久深厚的中气旋(mesocyclone)(Doswell,1993;俞小鼎等,2006)。

4.2　普通对流单体的演变

如上所述,对流风暴通常由一个或多个对流单体组成,风暴单体发展的强弱及其移向、移速均与周围的热力和动力环境有密切关系。根据积云中盛行的垂直速度的大小和方向,普通风暴单体的生命史通常包括三个阶段:塔状积云阶段、成熟阶段和消亡阶段。

4.2.1　塔状积云阶段

塔状积云阶段(图 4.1a)主要由上升气流所控制,上升速度一般随高度增加,这种上升气流主要是由局地暖空气的正浮力或者低层辐合引起的,上升速度一般为 $5\sim10$ m·s^{-1},个别达到 25 m·s^{-1}。风暴单体的生长与湿空气上升时的降水微粒形成有关。初始雷达回波的水平尺度为 1 km 左右,垂直尺度略大于水平尺度。初始回波顶通常在 $-16\sim-4$℃之间的高度上,回波底在 0℃ 高度附近。初始回波形成后,随着水滴和雪花等水成物不断生成和增长,回波向上和向下同时增长,但回波不及地,此时最强回波强度一般在云体的中上部。在塔状积云的后期,降水能够引发下沉气流。

4.2.2　成熟阶段

风暴成熟阶段(图 4.1b)是上升气流和下沉气流共存的阶段。此阶段的降水通常降落到地面,可认为雷达回波及地是对流单体成熟阶段的开始。此时,云中上升气流达到最大。随着降水过程的开始,由降水粒子所产生的拖曳作用形成了下沉气流。这种冷性下沉气流作为一股冷空气,在近地面的低层向外扩散,与单体运动前方的低层暖湿空气交汇而形成飑锋,又称阵风锋。成熟阶段的对流单体的中上部,仍为上升气流和过冷水滴及冰晶等水成物。当云顶伸展到对流层顶附近时,不再向上发展,而向该处环境风的下风方向扩展,出现水平伸展的云砧。云砧内的水成物仍能产生足够强的雷达回波,云砧回波可延伸几十至上百千米,其实际水平尺度可达 $100\sim200$ km。

4.2.3　消亡阶段

风暴消亡阶段(图 4.1c)为下沉气流所控制,此时降水发展到整个对流云体。实际上,当下沉气流扩展到整个单体,暖湿空气源被扩展的冷池切断时,风暴单体开始消亡。从雷达回波上看,回波强中心由较高高度迅速下降到地面附近,回波垂直高度迅速降低,回波强度减弱,并且分裂消失。

一个典型的对流单体生命史的三个阶段约各经历 $8\sim15$ 分钟,其整个生命史约为 $25\sim45$ 分钟。事实上,自然界中孤立的对流单体并不多见。大多数情况下,一次对流风暴包含了几个单体,一个单体达到成熟阶段,而另一个单体还处于新生发展阶段。在有利的环境条件下,其生命史可维持数小时之久。

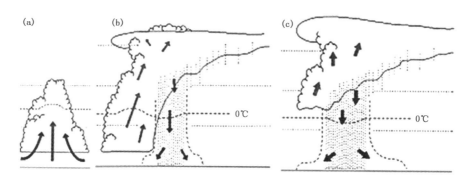

图 4.1 普通对流风暴单体的生命史(摘自 Byers 和 Braham,1949)

4.3 多单体风暴

  多单体风暴是对流风暴中最常见的一种形式,由处于不同发展阶段的单体组成,如图 4.2 所示。多单体风暴一般呈现出团状结构,有时也呈线状分布,称为多单体线风暴或线性多单体风暴。如果线性多单体风暴伴随雷暴大风,并且其强度超过 35 dBZ 部分的长宽比超过 5∶1, 长度至少在 50 km 以上,则称为飑线。

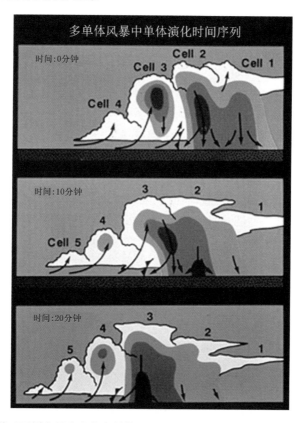

图 4.2 处于不同发展阶段的多单体风暴的各个单体演变(摘自 Doswell,1985)

对流风暴的组织程度、强度与环境风的垂直切变密切相关。在中等到强的垂直风切变条件下,对流风暴常常具有良好的组织性,强风暴的类型有多单体风暴、超级单体风暴和飑线;在弱的垂直风切变条件下,对流风暴的组织性一般较差,其中强风暴只有脉冲风暴(pulse storm)一种。

4.3.1　多单体风暴

图 4.3 为拍摄的一个多单体风暴的照片,从图中可以看到,单体 V 处于衰亡阶段,单体 IV 正在开始衰亡,而单体 III 处于成熟阶段,最强烈的天气通常都是由单体 III 产生的,单体 II 正在趋于成熟,单体 I 是新生单体。如果有利的天气条件持续,则不断有新的单体在多单体风暴固定一侧生成,然后增长、成熟、衰亡。新单体以这种方式间隔 5～10 分钟连续形成,每个单体维持 20～30 分钟。一个典型的多单体风暴在其生命史中可以由 30 个或更多的单体形成,使得强烈多单体风暴可以持续数小时之久。

图 4.3　结构紧密、组织度较高的强多单体风暴可见光照片(Lemon 提供)

图 4.4 给出了结构松散的弱多单体风暴的雷达反射率因子图(圆圈所标为多单体风暴)。图 4.5 给出了结构紧密的强多单体风暴的反射率因子图,该强多单体风暴产生了 60 mm 直径的冰雹和长持续的下击暴流。

强多单体风暴和普通多单体风暴的特征存在差别,因此如何识别出强和非强多单体风暴雷达回波之间的差别极其重要。Lemon(1977)提出了一种雷达体积扫描方案,用来估计在中等到强的垂直风切变环境中发展的对流风暴的三维结构。应用体积扫描方案,根据高、中、低仰角的 PPI 回波强度资料,把它们组合在同一屏幕上显示,从而得到风暴回波的三维结构图像。人们可以从回波顶和中、低层回波在相应平面上的配置推断出上升气流的强度,进而判断对流风暴的强弱。

图 4.6 描述了在中等到强垂直风切变环境下非强多单体风暴和强多单体风暴中发展最强盛的单体的反射率因子回波特征。下图为低、中、高三层对应的平面位置显示(俯视图),上图为沿线段 AB 所做的回波垂直剖面示意图。

由非强多单体风暴(图 4.6a)的俯视图可以看到,中层和低层的回波分布的轮廓位置几乎

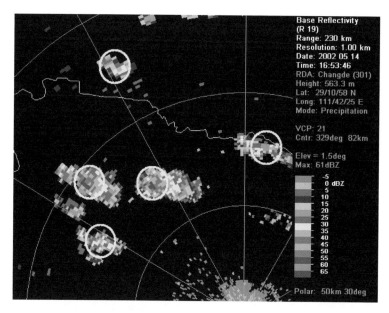

图 4.4　结构松散的多单体风暴(圆圈所标)反射率因子图

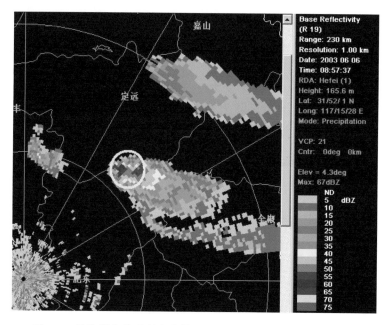

图 4.5　结构紧密的强烈多单体风暴(圆圈所标)的反射率因子图

重合,回波顶位于低层和中层回波反射率因子最强的区域之上。这种高、中、低层反射率因子在垂直方向以回波顶为中心的对称分布,使得在低层无法形成弱回波区(WER)。从垂直剖面图上可以看出,入流从图左侧进入云体后倾斜上升,并在高层从纸面朝向读者方向离开云体,在低层并没有形成类似穹隆状的弱回波区。这些特征表明,风暴中的上升气流达不到足够强烈的程度。所以,尽管这种对流风暴的回波顶可以达到很高,但也不能形成对地面具有灾害性的强风暴。

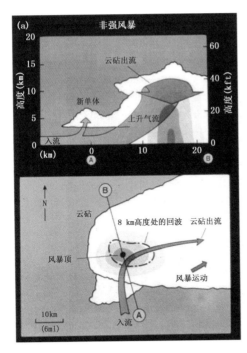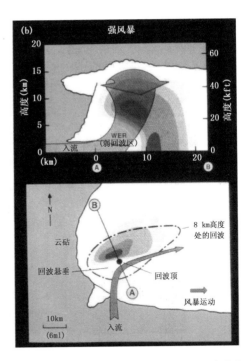

图 4.6　非强多单体风暴(a)和强多单体风暴(b)中发展最强盛的对流单体的低、中、高三层回波强度平
面位置显示(其中阴影区为低层回波强度等值线,虚线为中层 8 km 回波强度大于 20 dBZ 的轮廓线,
粗黑点为高层最大回波强度处)和沿 AB 线段所做的垂直剖面示意图(摘自 Lemon,1977)

　　由强多单体风暴(图 4.6b)的俯视图可以看到,反射率因子梯度在低层入流一侧最大,风
暴顶偏向低层高反射率因子梯度一侧。低层高反射率因子梯度的形成是由于降水目标物尺度
的筛选:最大的粒子落在上升气流核附近,更小的粒子落在上升气流下游更远处。中层(8 km
高度左右)大于 20 dBZ 回波轮廓向低层入流一侧伸展,悬垂于低层弱回波区之上,形成弱回波
区(WER)和中高层回波悬垂的分布特征。从垂直剖面图上可以看出,强多单体风暴的上升气
流较非强多单体风暴更为竖直;由于低层上升气流速度较快,使在该处形成的降水质点来不及
降落就被携带上升,加上风暴顶的辐散和环境风的影响,形成了低层无回波或回波强度很弱的
弱回波区(WER)。

　　通过上述非强多单体风暴和强多单体风暴的三维结构对比发现,当风暴顶的位置移到低
层高反射率因子梯度区之上时,标志着一个强上升气流的生成,并表明强风暴潜势增加。

4.3.2　飑线

　　飑线是呈线状排列的对流单体族,其超过 35 dBZ 部分的长和宽之比大于 5∶1,构成飑线
的各个单体之间有相互作用并产生地面大风。飑线经过时,常常伴随地面大风、气压涌升和温
度陡降。飑线的发展较快,开始时是尺度、强度和数量均呈增长之势的分散风暴。随着风暴的
发展加强了下曳气流和外流,这有助于阵风锋从母风暴中向外伸展和加速。此时,如果阵风锋
的速度与飑线的速度相匹配,飑线就会持续数小时。图 4.7 给出了一次典型飑线的可见光照
片。图 4.8 给出了发生在 2005 年 3 月 22 日广东和福建的一次飑线过程中福建龙岩 SA 雷达
观测到的飑线反射率因子和径向速度图像。龙岩 SA 雷达此时使用的测量径向速度的脉冲重

复频率是 $1042\ \mathrm{s}^{-1}$，对应的最大测速范围是 $-27\sim27\ \mathrm{m\cdot s}^{-1}$。与飑线前沿强反射率因子梯度区对应，径向速度呈现很强的辐合，进一步远离雷达出现速度模糊，主观退模糊之后，可以判断低层最强的向着雷达的径向速度值为 $-42\ \mathrm{m\cdot s}^{-1}$（其中心距地面 $1\ \mathrm{km}$ 左右）。

图 4.7　典型飑线的可见光照片（Doswell 提供）

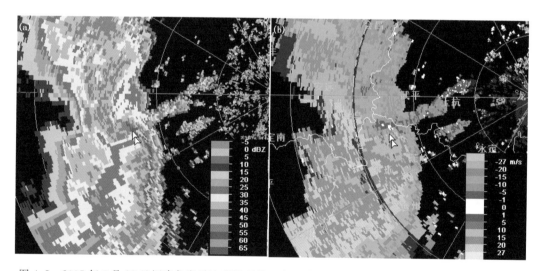

图 4.8　2005 年 3 月 22 日福建龙岩雷达观测到的一次强烈飑线的反射率因子(a)和径向速度(b)图像

事实上，关于飑线并没有严格定义，目前主要通过雷达回波特征适当结合地面观测进行识别，不同的人在确定飑线时所遵循的判据可能会有所不同，因此在使用飑线的名称时应尽量谨慎。图 4.9 中的对流单体也是呈线性排列，只是各个单体之间似乎没有明显的相互作用，这种情况下，更倾向于将该系统称为"多单体线风暴"或"线性多单体风暴"而不是"飑线"。

4.3.3　脉冲风暴

脉冲风暴是产生于弱的垂直风切变环境中的强风暴，发展极为迅速，要求环境具有较深厚

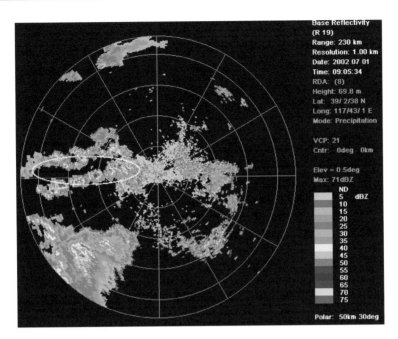

图 4.9　不宜称作"飑线"的线性多单体风暴

的低层湿层和垂直不稳定性。脉冲风暴虽然是单个单体的特征,但很少真正以单个单体的形式出现,通常表现为多单体风暴,其中一个或几个单体可以发展为强脉冲风暴。尽管脉冲单体的生命史一般小于 30 分钟,但其母风暴可以维持 1~2 小时。强脉冲风暴产生的强天气通常局限于生命史较短的下击暴流、直径较小的冰雹和弱龙卷,偶尔出现大冰雹。脉冲风暴产生冰雹的持续时间通常不超过 15 分钟,预警十分困难。

　　脉冲风暴的回波结构有三个特点:初始回波出现的高度通常在 6~9 km 之间;强回波中心强度超过 50 dBZ;强中心所在高度也较高,一般在−10℃等温线高度附近。图 4.10 给出了脉冲单体和普通单体在初始回波高度和回波结构方面的对比。普通单体初始回波高度通常在 0~3 km 之间,而脉冲风暴初始回波高度可达 6~9 km,产生较强冰雹的脉冲单体 50 dBZ 强回波出现的高度可以扩展到−20℃等温线以上。

　　雷达探测脉冲风暴的较有效方法是,注意出现初始回波的高度、最大回波强度值及其所在高度。

4.4　超级单体风暴

　　超级单体风暴是对流风暴中组织程度最高、产生的天气最强烈的一种形态,它只产生在中等到强的垂直风切变环境中。据统计,大多数直径 50 mm 以上的冰雹和 EF2 级以上的龙卷是由超级单体风暴产生的(Johns and Doswell,1992;Doswell,2001)。从 20 世纪 60 年代开始,Browning(1964,1978)给出了超级单体风暴的雷达回波特征。当时认为,超级单体与其他强风暴的主要区别在于特殊的回波形态(如钩状回波和有界弱回波区)以及稳定性和持续性,后来的数值模拟研究和多普勒雷达探测表明,深厚持久的中气旋才是超级单体风暴的最本质特征(Lemon and Doswell,1979;Doswell,1993;Rotunno and Klemp,1985;Klemp,1987)。

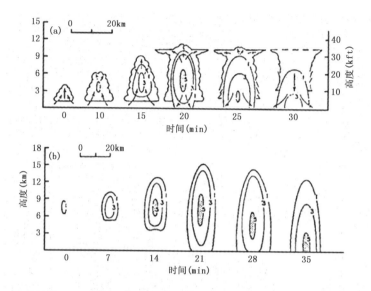

图 4.10　普通风暴(a)和脉冲风暴(b)垂直剖面的演变过程。等值线为 lgZ,等值线 1、3、5
代表 10、30、50 dBZ,阴影的强度超过 50 dBZ(摘自 Chisholm and Renick,1972)

超级单体风暴呈现出各种各样的雷达回波和视觉特征,依据对流性降水强度和空间分布特征可以进一步对超级单体风暴进行分类(Moller et al.,1994)。某些超级单体风暴几乎没有产生降水,但具有显著的旋转特征,这类超级单体风暴称为弱降水(LP)超级单体风暴;另一些超级单体风暴能够在其中气旋环流中产生相当大的降水,这类超级单体风暴称为强降水(HP)超级单体风暴;在上述两个极端之间,还存在经典超级单体风暴,或称为传统超级单体风暴。

4.4.1　中气旋

如前所述,超级单体风暴与其他强风暴的本质区别在于超级单体风暴含有一个持久深厚的中气旋。中气旋是与强对流风暴的上升气流和后侧下沉气流紧密相连的小尺度涡旋,该涡旋满足一定的切变、垂直伸展和持续性判据。下面的判据是以美国俄克拉何马州所统计的中气旋核为基础的,可以有效地用来识别中气旋核。近年来的实践表明,该判据在中国也是适用的。

凡满足下列判据的小尺度涡旋即为中气旋:

(1)核区直径(最大入流速度和最大出流速度间的距离)小于等于 10 km;转动速度(最大入流速度和最大出流速度绝对值之和的二分之一)超过图 4.11 中相应的数值。图中由三条实线划分成的四个区,由上至下分别表示强中气旋、中等强度中气旋、弱中气旋和弱切变。可见,对于同等强度的中气旋,判据所要求的新一代天气雷达探测的最大径向速度随探测距离增加而减小,这是因为雷达抽样体积随距离增加,平滑作用导致最大值(最小值)减少(增加)的缘故。以强中气旋为例,距雷达 10 km 处时,其转动速度平均值必须大于等于 22.5 m·s^{-1},而在 130 km 处,只要其转动速度大于等于 19 m·s^{-1} 时就能被判别为强中气旋。

(2)垂直延伸厚度大于等于风暴垂直尺度的三分之一。

(3)上面两类指标都满足的持续时间至少为两个体扫。

需要注意的是,当使用基本径向速度或 SRM(相对风暴径向速度图)产品时,总是采用数据级的中间值。在计算上述旋转速度时也是采用数据级的中间值。

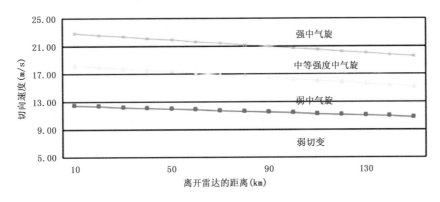

图 4.11　中气旋识别的转动速度判据示意图

　　图 4.12 给出了中气旋的模拟图和示例图,两图中的中气旋正负速度区位置正好相反,这是因为模拟图中雷达位于图的南面,示例图中雷达位于图像的西北,可见在判断中气旋时一定要注意雷达的相对位置。图 4.13 给出了一个超级单体风暴的反射率因子和风暴相对径向速度图。与反射率因子图上的钩状回波对应的是一个速度图上的中气旋,图上还给出了中气旋中心部分每个距离库上的径向速度值(单位:$m \cdot s^{-1}$)。由图可知,该中气旋距离雷达大约 100 km,转动速度为 28.75 $m \cdot s^{-1}$,已达到强中气旋级别。

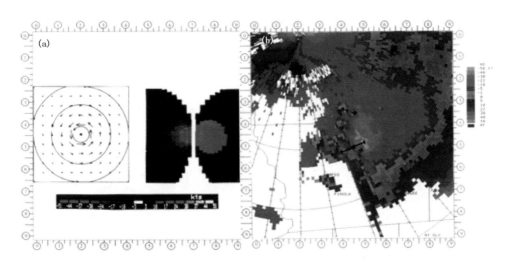

图 4.12　中气旋模拟图(a)和示例图(b)

　　为了更好地识别中气旋,也可使用风暴相对径向速度图而不是基本速度图,因为所谓中气旋是相对风暴而言的。相对风暴径向速度图把风暴看作静止时的径向速度图,通过基本速度减去雷达操作员给定的风暴运动速度而得到。如果操作员不给定,则减去区域内雷达识别出的所有风暴单体运动速度的平均值,因此最好由操作员给定感兴趣风暴的移动速度。图 4.14 给出了同一风暴的基速度和风暴相对速度图,雷达位于图的东北方。在基速度图上,由于风暴自身向着雷达移动,中气旋速度对中向着雷达的速度很大,离开雷达的速度很小,中气旋显得很不对称;而在风暴相对速度图上,与中气旋对应的风暴运动速度被减去,中气旋变得非常对

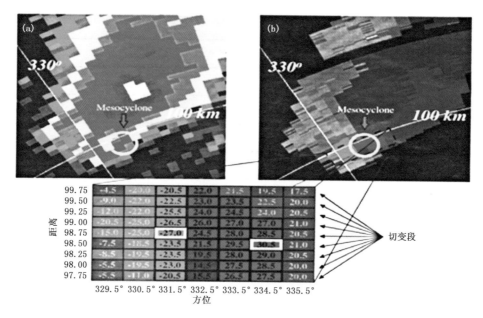

图 4.13　一个超级单体风暴的反射率因子(a)和风暴相对径向速度(b)图(注意速度图上的中气旋)

称和明显。

　　在实际应用中,当不对称的中气旋出现时,速度图上往往会出现速度模糊,使用风暴相对径向速度往往也会有错误。所以,对于速度模糊的非对称中气旋,利用风暴相对径向速度退模糊与不退很有可能都是错的。

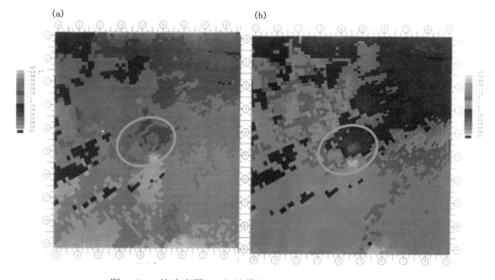

图 4.14　基速度图(a)和风暴相对速度图(b)中的中气旋

　　雷达的两个固有局限性,即波束中心高度随距离增加而增高以及波束宽度随距离增加而展宽,对于探测中气旋有很大影响。第一个局限性使得雷达无法探测到远距离处中气旋的下部甚至完全探测不到中气旋。第二个局限性使得雷达对中气旋识别的难度随着距离的增大而增加,超过一定距离(比如 200 km),基本无法识别中气旋。图 4.15 给出了同一超级单体风暴由远近不同的两部雷达观测到的图像。近的那部雷达距超级单体风暴 35 km 左右,可以清晰地分辨超级单体风暴的反射率因子图上的钩状回波和相应速度图上中气旋的精细结构(图4.15a)。远的那部雷达位于该超级单体风暴西南方向 180 km 左右,已分辨不出超级单体风暴的钩状回波结构,但依然能判断入流区的位置和与入流区对应的中气旋。此时的中气旋表现为像素到像素的切变,已看不到任何速度场的精细结构(图 4.15b)。此外,中气旋的识别还受到速度数据距离折叠的影响。

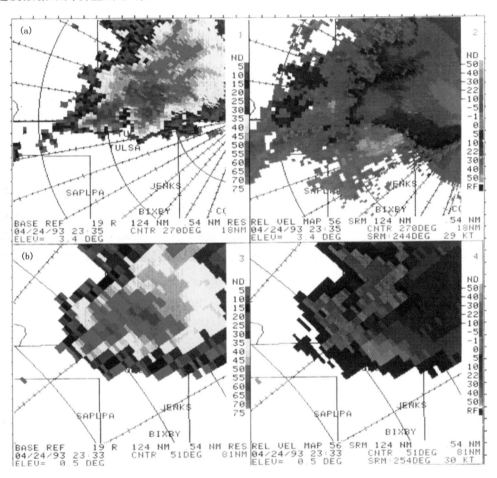

图 4.15　远近不同的两部雷达观测同一超级单体风暴

(a)雷达距超级单体风暴大约 35 km;(b)雷达位于超级单体风暴西南方向 180 km 左右

4.4.2　经典超级单体风暴

经典超级单体风暴是最常见的超级单体风暴类型。当一个风暴加强到超级单体阶段,其上升气流将变成基本竖直的,回波顶移过低层反射率因子的高梯度区,位于一个持续的有界弱回波区(BWER,传统上称为穹隆)之上(图 4.16)(Lemon,1977)。有界弱回波区是被中层悬垂所包围的弱回波区,它是包含云粒子但不包含降水粒子的一个强上升气流区。降水的尺寸筛选导致大冰雹落在与 BWER 相邻的反射率因子的高梯度区,更小的冰雹和雨滴落在距上升气流较远的地方。持续 15 分钟以上的 BWER 是与强烈的上升气流旋转相联系的，意味着一个中气旋的存在，瞬变的(或持续时间较短的)BWER 有时会出现在强的非超级单体风暴中，但是它不与中气旋相联系。在经典超级单体风暴生命期的某些阶段经常展现一个位于其右后方(相对于风暴的运动方向而言)的低层钩状回波(图 4.16)，最强的龙卷往往在钩状回波或 BWER 消失以后发生。上述经典超级单体风暴的反射率因子的高、中、低层配置的主要特征同样也适用于强降水和弱降水超级单体风暴，只是强降水超级单体风暴的入流区大多位于它的前侧(经典超级单体风暴的入流区通常位于其右后侧，但时常也有例外)。

　　经典超级单体风暴经常是相对孤立的，有利于其产生的环境包括强垂直风切变、丰富的低层水汽、大的垂直不稳定度、强对流前的逆温层。与经典超级单体风暴相伴随的强天气有各种级别的龙卷、冰雹、下击暴流和暴洪等。

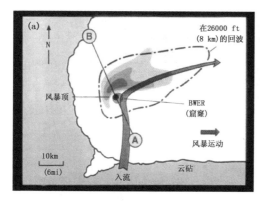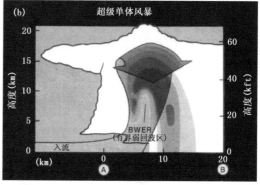

图 4.16　超级单体风暴的低、中、高三层回波强度平面位置显示(a)和垂直剖面(b)。
实线为低层回波强度等值线，虚线为中层(8 km)回波强度大于 20 dBZ 的轮廓线，
粗黑点为高层最大回波强度处(摘自 Lemon，1977)

　　图 4.17 总结了非强多单体风暴、强多单体风暴和超级单体风暴的反射率因子特征。该图显示了三种不同类型风暴的反射率因子特征，同时也可以看作是一个对流风暴从非强多单体风暴发展到强多单体风暴再发展到超级单体风暴生命历程中的三个阶段。有些风暴发展到非强多单体风暴阶段就消亡了，有些可以发展到强多单体风暴才开始消亡，只有很少一部分对流风暴能够发展成超级单体风暴。

　　图 4.18 是一个经典超级单体风暴的照片，从中清晰可见与 BWER 相应的强烈上升气流区直冲风暴顶并在风暴顶形成强烈辐散。风暴右侧的模糊特征表明，中低层风将降水吹向北部，高层降水下落到非降水区时因蒸发而产生雨幡。上述描述同样适用于其他类型的超级单体风暴。

　　图 4.19 给出了合肥 SA 多普勒天气雷达观测的 2002 年 5 月 27 日发生在安徽的经典超级单体风暴的反射率因子图像。该超级单体风暴由多单体风暴发展而来，图中所示为最强盛时刻的 0.5°、1.5°、3.4°和 4.3°仰角的反射率因子四分屏显示(图 4.19a)和垂直剖面(图 4.19b)。回波中心距离雷达 130 km，垂直剖面沿着低层入流方向穿过 BWER。从图 4.19a 中可看出低层的入流缺口和钩状回波特征，反射率因子从低层到高层向入流一侧(南边)倾斜，表明低层存在弱回波区、中高层具有回波悬垂的结构特征，并可分辨 BWER。相应的垂直剖面图(图 4.19b)显示一个明显的 BWER 和回波悬垂结构。从风暴的移动方向看，风暴基本上是向

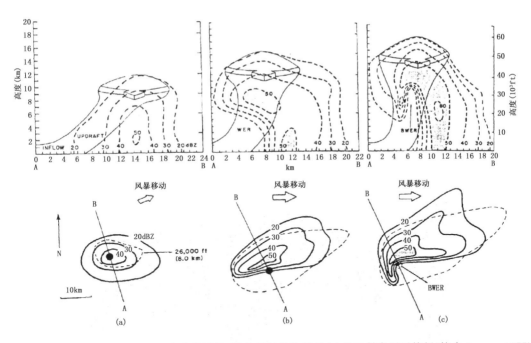

图 4.17　非强多单体风暴(a)、强多单体风暴(b)和超级单体风暴(c)的反射率因子特征(摘自 Lemon,1977)

图 4.18　超级单体风暴

东南方向移动,低层入流缺口和钩状回波位于风暴移动方向的前侧或右前侧而不是常见的右后侧。

　　图 4.20 给出了上述超级单体风暴 0.5°、1.5°和 4.3°仰角的径向速度图,回波中心分别对应 1.8 km,4.2 km 和 10.0 km 高度。在 0.5°和 1.5°仰角,可以识别明显的气旋式旋转,对应的旋转速度为 23.5 m·s^{-1},正负速度极值间距 8 km,对应垂直涡度值大致为 1.2×10^{-2} s^{-1},通常将 1.0×10^{-2} s^{-1} 称为一个中气旋涡度单位。4.3°仰角呈现强烈的风暴顶辐散特征,风暴

顶辐散风正负速度差值达 $63\ \mathrm{m\cdot s^{-1}}$,正负速度极值间距 $15\ \mathrm{km}$,计算得到对应的风暴顶散度大致为 $0.8\times10^{-2}\mathrm{s^{-1}}$。此次超级单体风暴持续时间超过 2 小时,沿路产生强烈的雷暴大风(气象站记录最大瞬时风速为 $31\ \mathrm{m\cdot s^{-1}}$)和冰雹,数千间房屋倒塌或损坏,直接经济损失 4 亿多元。

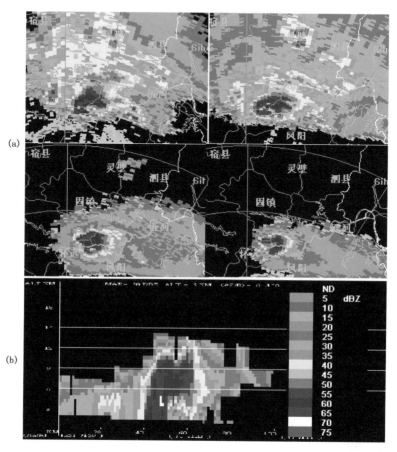

图 4.19 合肥 SA 多普勒天气雷达于 2002 年 5 月 27 日 16 时 55 分观测到的 $0.5°$、$1.5°$、$3.4°$和 $4.3°$仰角反射率因子四分屏显示(a)和相应的垂直剖面(b)图(摘自郑媛媛等,2004)

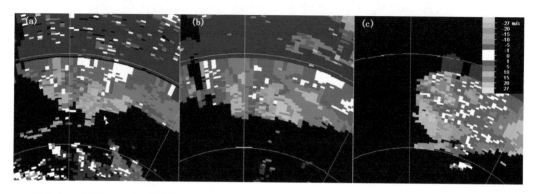

图 4.20 与图 4.19 同时刻的 $0.5°$(a)、$1.5°$(b)和 $4.3°$(c)仰角径向速度图(摘自郑媛媛等,2004)

图 4.21 给出了北京 CC 多普勒天气雷达观测的 2005 年 5 月 31 日发生在北京的超级单体风暴的 0.5°仰角反射率因子和径向速度图。该超级单体风暴持续时间超过 4 小时,在北京南部造成严重的雹灾,最大冰雹直径 60 mm。图中清晰可见低层入流缺口和钩状回波,与该区域对应的是一个明显的中气旋。该风暴自西向东移动,入流缺口和钩状回波位于风暴移动方向的右后侧。

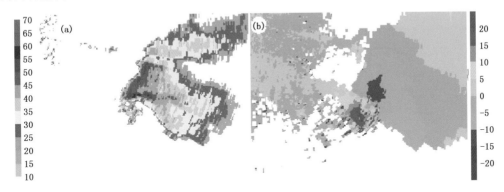

图 4.21 北京 CC 多普勒天气雷达于 2005 年 5 月 31 日 14 地 47 分观测到的 0.5°仰角
反射率因子(a)和径向速度(b)图

图 4.22 给出了 3 个经典超级单体风暴低层反射率因子图。3 幅图的比例尺是相同的,从图 4.22a 中的微型超级单体到图 4.22c 中的大型超级单体,可以看出自然界中超级单体风暴的尺度变化很大。

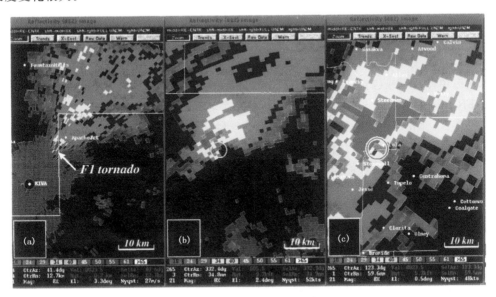

图 4.22 3 个尺度不同的经典超级单体风暴

4.4.3 强降水超级单体风暴

强降水超级单体风暴与强降水密切相关,通常在低层具有丰沛水汽、自由对流高度较低和对流前逆温层顶盖较弱的环境中得以发展和维持。需要指出的是,强降水超级单体风暴常常不像弱降水或经典的超级单体风暴那样与周围风暴隔绝,它倾向于沿着已有的热力/湿边界(如锋和干线等)移动。这些热力/湿边界常常是低层垂直风切变的增强区,因此也是水平涡度增强区。观测表明,强降水超级单体风暴能以各种各样的方式演变,这取决于环境条件。如图4.23所示,前4个时次单体演变相同,从第5个时次开始,若单体后侧有气流加入,将逐渐演变成弓形回波(a系列);若没有后侧气流,依然表现为团状回波(b系列)。

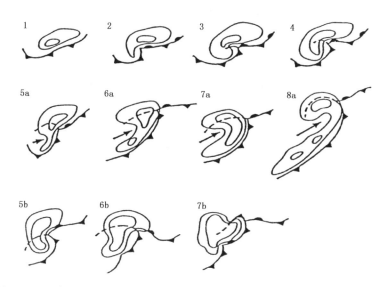

图4.23 强降水超级单体风暴能以各种各样的方式演变,包括发展成弓形回波

强降水超级单体风暴的俯视图和视觉效果图如图4.24所示。与弱降水超级单体风暴的中气旋区内几乎没有降水出现相反,强降水超级单体风暴的中气旋常常被包裹在强降水区中。强降水超级单体风暴或包含一个宽广的高反射率因子(>50 dBZ)的钩状回波区,或者包含一个与WER相联系的前侧V字形槽口(FFN)。这个风暴前侧V字形槽口往往表明一个前侧中气旋的存在,而在经典超级单体中观测到的中气旋往往位于风暴的右后方。强降水超级单体风暴与经典超级单体风暴的消亡阶段特征相似,只是持续的时间要长得多。与强降水超级单体风暴相伴随的强天气有各种级别的龙卷、冰雹、下击暴流和暴洪等。

雷达体扫方式可揭示强降水超级单体风暴的重要特征。例如,回波顶移过低层高反射率因子梯度区而位于一个持续的WER/BWER之上。同时,相应的多普勒径向速度型对于辨认被降水包裹的中气旋是极为重要的。

雷达探测到的强降水超级单体风暴在低层的反射率因子回波特征及其意义表述如下:

(1)宽广的钩状、逗点状和螺旋状的回波表明强降水包裹着中气旋。

(2)前侧V型槽口回波表明强的入流气流进入上升气流。

(3)后侧V型槽口回波表明强的下沉气流,并有可能引起破坏性大风。

图4.25给出了发生在美国的强降水超级单体的雷达回波图像,中国出现的强降水超级单体风暴的例子见文献(郑媛媛等,2004)。

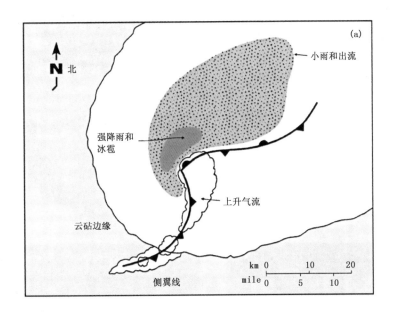

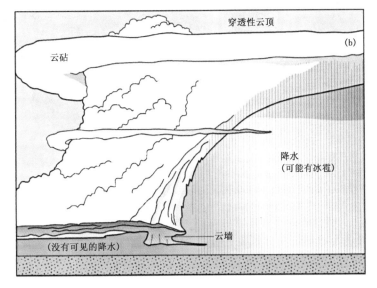

图 4.24　强降水超级单体风暴的低层反射率因子、阵风锋及降水分布平面图(a)和
视觉效果图(b)(摘自 Moller 等,1994)

4.4.4　弱降水超级单体风暴

弱降水超级单体风暴出现的环境是低层具有较低的湿度和较高的自由对流高度(LFC),
几乎所有的弱降水超级单体风暴都出现在干线(露点锋)附近。弱降水超级单体风暴之所以出
现弱降水,是因为降水微粒主要由大雨滴和冰雹组成,而不是由无数小雨滴组成的。与经典或
强降水超级单体风暴相比,弱降水超级单体风暴的降水常常不能到达地面,因此弱降水超级单
体风暴中不存在强烈蒸发冷却的下沉气流。在弱降水超级单体风暴中,冰雹比降水更有利于

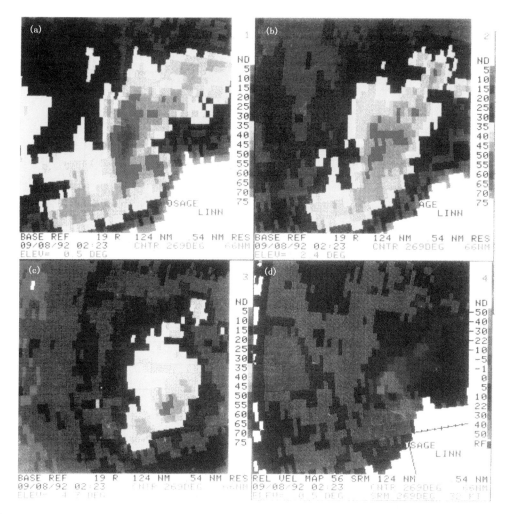

图 4.25　1992 年 9 月 8 日 02 时 18 分位于美国的强降水超级单体的 0.5°(a)、1.5°(b)、2.4°(c)仰角反射率
因子和 0.5°仰角径向速度(d)图

形成和增长。尽管弱降水超级单体风暴的反射率因子相对较小,但是它往往包含大冰雹。有时在风暴的后侧,可探测到一个与中气旋相联系的弱回波区(WER)。

与弱降水超级单体风暴相伴随的主要强天气现象包括大冰雹,有时也会产生龙卷。同时,弱降水超级单体风暴通常能演变为经典或强降水超级单体风暴,最终生成各种强天气过程。

图 4.26 给出了弱降水超级单体风暴的低层反射率因子、阵风锋及降水分布平面图和视觉效果立体图。更多的中国超级单体风暴的例子见文献(俞小鼎等,2008)。

4.5　复习思考题

1. 简述对流风暴的分类。
2. 普通对流单体的生命史包括哪几个阶段? 分别有什么特点?
3. 简述飑线的定义及其产生的天气。

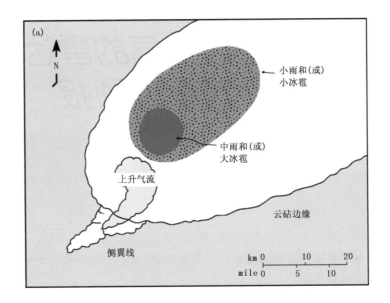

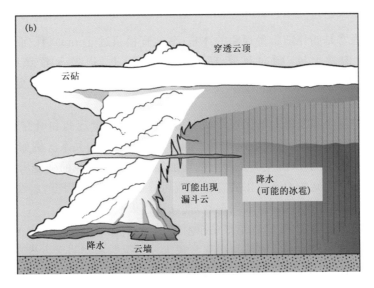

图 4.26　弱降水超级单体风暴的低层反射率因子、阵风锋及降水分布平面图(a)和
视觉效果图(b)(摘自 Moller 等,1994)

4. 简述脉冲风暴的生成环境及回波结构特征。

5. 简述超级单体风暴最本质的特征。

6. 中气旋的判据有哪些?

7. 简述经典超级单体的反射率因子的高、中、低层配置的主要特征。

第5章 强对流天气的雷达回波特征及其临近预报

学习要点

　　本章介绍了雷暴产生的环境条件以及强冰雹、雷暴大风和短历时强降水、龙卷的天气雷达探测和预警。

　　强对流天气通常是指伴随雷暴现象的冰雹(落地直径超过 5 mm)、任何形式的龙卷(水龙卷除外)、直线型雷暴大风(瞬时风速 17.2 m·s^{-1} 以上)以及导致暴洪的短时强降水(20 mm·h^{-1})。极端强对流天气是指直径超过 5 mm 的冰雹,EF2 级以上龙卷和瞬时风速 33 m·s^{-1} 以上的直线型雷暴大风。

　　强对流天气的发生和发展并非无规律或不可预测的。大量观测和研究表明,强对流天气与强的上升气流、下沉气流以及环境风切变之间存在密不可分的关系。例如,上升气流正浮力的增加有助于大冰雹生成,下沉气流负浮力的增加能使灾害性大风的强度增强。此外,上升气流和环境风垂直切变之间的相互作用决定着对流风暴的组织结构程度,组织性较好的风暴生命史相对较长,更容易产生持续性(或周期性)的灾害性天气。

　　按照世界气象组织的定义,临近预报是指对雷暴、强对流等高影响天气的 0～6 小时(国内业务 0～2 小时)天气预报。主要方法是根据常规天气实况资料对当天发生雷暴和强对流天气的可能性做出潜势预报,着重应用卫星、雷达以及加密的观测站网资料等对中小尺度天气系统增强监视,对于可能出现的强对流天气做出预报。

5.1 雷暴和强对流产生的环境条件

　　雷暴通常由一个或几个雷暴单体构成,雷暴生成的三个基本条件是大气垂直层结不稳定、水汽和抬升触发机制。强对流天气由强雷暴产生,要想产生强冰雹、强龙卷和区域性雷暴大风这三种强对流天气,除了上述三个基本条件外,通常还需要较强的垂直风切变,但产生对流暴雨的雷暴不一定需要强的垂直风切变作为前提条件,有时弱的垂直风切变对于对流暴雨更有利。

5.1.1　雷暴生成三要素

雷暴生成的充分必要条件是:(1)大气层结不稳定;(2)水汽;(3)抬升触发机制。三者缺一不可,在上述三个条件能够同时满足的地方,就会有雷暴生成。

5.1.1.1　大气层结不稳定

大气层结稳定性可以有三种类型(图 5.1):绝对不稳定、条件不稳定和绝对稳定。如果环境大气温度直减率大于干绝热直减率 γ_d(0.98℃/100m),则大气层结处于绝对不稳定状态,这种层结结构通常在夏天晴天情况下出现在大气边界层的底部;如果环境大气温度直减率小于湿绝热直减率,则大气层结为绝对稳定;如果大气温度直减率介于干绝热和湿绝热直减率之间,则称大气处于条件不稳定状态。雷暴发生的层结不稳定条件通常要求大气对流层的一部分处于条件不稳定或干绝热直减率状态。在暖季,晴天午后的大气边界层处于充分混合状态,其温度直减率大致与干绝热直减率相等。

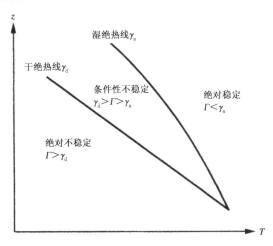

图 5.1　大气垂直层结稳定度

用来衡量热力不稳定大小的物理含义最清晰的参数是对流有效位能(CAPE)和对流抑制(CIN)。CAPE 是气块在给定环境中绝热上升时的正浮力所产生的能量的垂直积分,是风暴潜在强度的一个重要指标。CAPE 数值越大,CAPE 能量释放后形成的上升气流强度就越强。需要指出的是,CAPE 的变化趋势比 CAPE 值的大小更为重要。在温度对数压力 T-$\ln P$ 图上,CAPE 正比于气块上升状态曲线 A 和环境温度层结曲线 C 从自由对流高度 F 至对流上限 B(也称平衡高度)所围成的区域的面积(图 5.2)。另外,在图 5.2 中自由对流高度以下的负浮力区域面积的大小称为 CIN,也是一个重要的对流参数,抬升力必须克服 CIN 大小的负浮力才能将气块抬升到自由对流高度 F。

局地热力不稳定可以由局地下垫面的加热和天气尺度的运动来建立。天气尺度环流有助于建立不稳定的五种典型情况:上冷下暖型,高层冷堆或冷槽与底层暖中心或暖脊叠置;槽前深厚偏南气流型,强低空急流,暖湿平流显著;冷涡槽后型,强干冷平流,底层浅薄热低压或偏南暖湿气流明显;上干下湿(舌)或上干平流下湿平流叠置;冷锋过山前倾型,中高层冷空气叠置在低层热低压上。

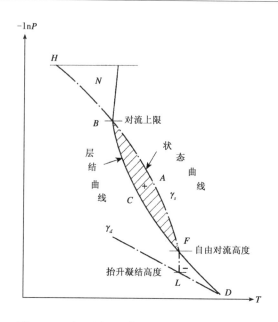

图 5.2　$T\text{-}\ln P$ 图上正负能量区和 CAPE 示意图

5.1.1.2　水汽条件

　　水汽是雷暴的燃料,基本来自于大气低层。当水汽随云底上升气流进入雷暴云中,凝结成云滴或冰晶时,释放潜热来加热气块,为雷暴内的上升气流提供驱动力。所以,雷暴常形成于低层有湿舌或强水汽辐合的地区。但是,如果低层的水汽含量过大,在对流云发展早期,云内就会有大量的水汽凝聚,形成雨滴并降落,其形成的拖曳下沉作用阻碍了上升气流的进一步发展,这可能是热带海洋地区多雷阵雨和对流性暴雨,而很少降雹的原因之一。

5.1.1.3　抬升触发机制

　　天气尺度的上升运动往往不足以触发较强雷暴,其作用主要是使大气稳定度降低。触发雷暴的抬升条件大多由中尺度系统提供(Doswell,1987),主要机制包括边界层辐合线、地形抬升和中尺度重力波等。其中,边界层辐合线是指锋面、干线、雷暴出流边界(阵风锋)、海风锋、水平对流卷等在边界层内形成的风场辐合系统,它是重要的雷暴触发机制。

　　在雷暴和强对流天气短时临近潜势预报中,除了 $T\text{-}\ln P$ 图和垂直风切变的分析外,另一项重要内容是每隔 1 小时一次的地面图分析,重点确定边界层辐合线的位置以及温度脊和湿舌的变化情况。边界层辐合线的确定可以判断在哪些地方有中尺度辐合上升为雷暴提供触发机制;监控地面温度脊和湿舌的变化可以不断对探空资料的对流有效位能 CAPE 和对流抑制 CIN 进行订正。图 5.3 给出了地面图分析的示例。

　　当边界层辐合线距离多普勒天气雷达比较近时,通常可以被探测到,其反射率因子一般在15～30 dBZ 之间。大量观测表明,对流风暴倾向于在边界层辐合线附近生成,尤其是在两条辐合线的交点附近生成。图 5.4 显示 2002 年 7 月 17 日发生在山东中北部的一次强对流过程,已经发生的雷暴群产生的出流边界与环境条件相结合,沿着出流边界触发出线状的强对流风暴(飑线),在当地形成了强冰雹、雷暴大风和短时强降水等强对流天气。出流边界在反射率因子图上表现为窄带回波 1、2,在平均径向速度图上为明显的风向风速辐合带。

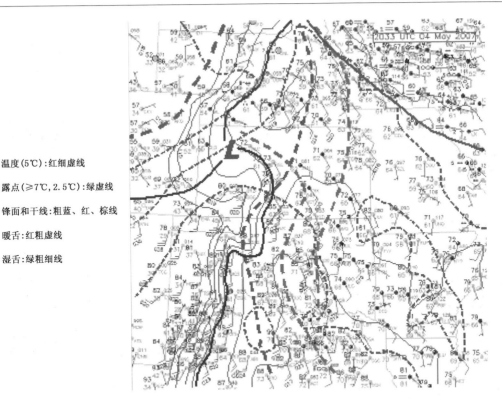

温度(5℃):红细虚线

露点(≥7℃,2.5℃):绿虚线

锋面和干线:粗蓝、红、棕线

暖舌:红粗虚线

湿舌:绿粗细线

图 5.3　强对流天气短时临近潜势预报地面图分析示例(由 Doswell 提供)

　　图 5.5 显示发生在 2004 年 4 月 22 日位于安徽境内的干冷锋。当冷锋辐合线移过合肥附近时,在当地具有不稳定能量和充足水汽的暖湿气团中产生了强雷暴,导致局地冰雹和雷暴大风。

　　地形抬升也是雷暴触发的一个重要机制,尤其在地形复杂和多山的地区。当低层层结不稳定的空气沿山坡攀升,受机械抬升作用容易形成对流性天气,这是山区雷暴、冰雹等对流性天气较平原多的原因之一。另外,由于夜间大气边界层内湍流的突然减弱,气压梯度力和科氏力之间的惯性振荡导致边界层内夜间低空急流的形成(Blackadar,1957),如果该低空急流迎着地形吹,在有利的大气层结和水汽条件下,很容易导致雷暴沿着山脉迎风坡生成。

　　重力波同样是雷暴触发的一个重要机制。大气中存在重力波是很普遍的现象,但只有非常小部分的重力波有可能触发雷暴。这是因为重力波的能量是向上迅速传播的,即使在对流层的中低层有重力波被激发出来,它们的能量也因迅速向上散失而不会触发雷暴。要想将重力波能量保持在对流层内,必须在对流层中存在一个重力波的反射层,使得重力波在地面和反射层之间反复反射着向前传播,类似于无线电短波在电离层和地面之间的反射传播,形成一个所谓的大气波导。Lindzen 和 Tung(1976)指出,重力波的大气波导由低空逆温和位于其上的条件不稳定气层构成,中间某一高度的环境风等于波导内传播的重力波的相速度。重力波本身可以由过山气流、地转不平衡以及雷暴等过程触发,而被触发的重力波只有在大气波导内传播时才有可能触发对流。从预报的角度来看,由于我们通常很难抓住重力波存在的线索,即使偶尔可以判断重力波的存在,但由于重力波不是局地触发雷暴,因此很难利用重力波的线索预报雷暴的生成。重力波机制往往用于已经发生的雷暴个例的事后分析。

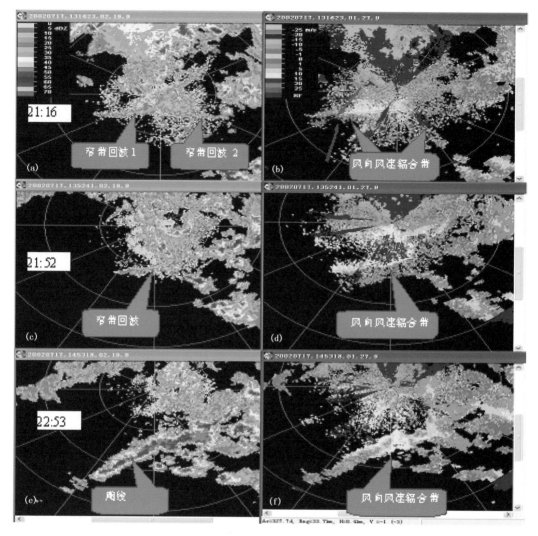

图 5.4　2002 年 7 月 17 日济南 SA 雷达 0.5°仰角反射率因子和平均径向速度演变

　　雷暴的触发多数情况下发生在地面附近,主要由边界层辐合线和地形抬升机制触发。但也有相当比例的雷暴不是在地面附近触发,而是在大气边界层之上触发的,这种雷暴称为高架雷暴。高架雷暴在我国早春和深秋常发生,往往在锋面(冷锋或暖锋)冷区一侧的低层冷空气垫上触发,灾害性天气以冰雹为主。逆温层以上的对流不稳定是造成高架雷暴的原因(Grant,1995)。图 5.6 所示为 2009 年 2 月 26 日发生在长沙的一次早春高架雷暴过程的探空曲线,在850 hPa 附近有明显的逆温层,气块从逆温层之上抬升形成对流风暴。

5.1.2　垂直风切变

　　强对流天气预报中的另一个重要参数是垂直风切变。垂直风切变是指水平风(包括大小和方向)随高度的变化。统计分析表明,环境水平风向风速的垂直切变的大小往往和形成的风暴的强弱密切相关。在给定湿度、不稳定性及抬升机制的深厚湿对流中,垂直风切变对对流风暴的组织结构和特征影响最大。一般来说,在一定的热力不稳定条件下,垂直风切变的增强将

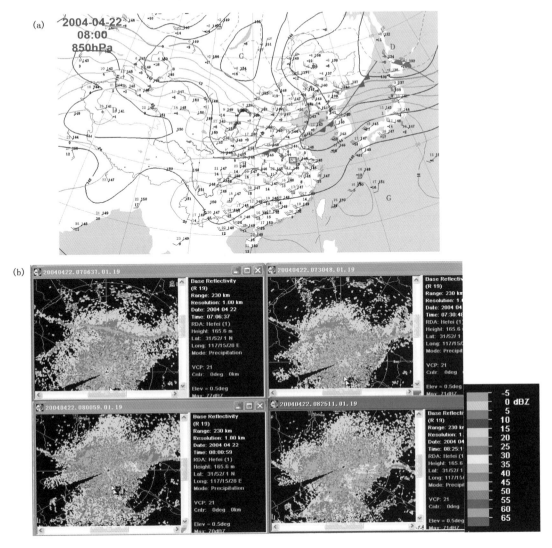

图 5.5　2004 年 4 月 22 日(a)08 时 850 hPa 天气图分析(红色方框为关注区域);
(b)合肥 SA 雷达 0.5°仰角反射率因子演变(显示时间为世界时)

导致风暴进一步加强和发展。其主要原因在于:

(1)在垂直风切变环境下能够使上升气流倾斜,这就使得上升气流中形成的降水质点能够脱离上升气流,而不会因拖带作用减弱上升气流的浮力。

(2)可以增强中层干冷空气的吸入,加强风暴的下沉气流和低层冷空气外流,再通过强迫抬升使得流入的暖湿气流更强烈地上升,从而加强对流。

大多数情况下,弱的垂直风切变环境中的对流风暴多为普通单体风暴或组织程度较差的多单体风暴(图 5.7)。这种松散的多单体风暴中,新生单体以毫无规律的方式形成,随机地出现在风暴的任何一侧。中等到强的垂直风切变有利于相对风暴气流的发展,此时气块携带着降水远离风暴的入流区或上升区;中等到强的垂直风切变能够产生与阵风锋相匹配的风暴运动,使得暖湿气流源源不断地输送到发展中的上升气流中去。垂直风切变的增强有利于上升气流和下沉气流在相当长的时间内共存,新单体将在前期单体的有利一侧有规则地形成。如

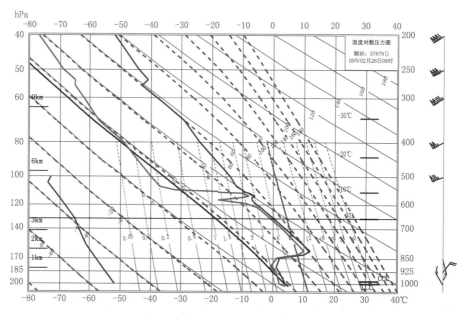

图 5.6　2009 年 2 月 26 日 08 时长沙探空曲线

果足够强的垂直风切变伸展到风暴的中层,则产生与上升气流和垂直风切变环境相互作用的动力过程,将强烈影响风暴的结构和发展。在这种垂直风切变环境下,有利于组织性完好的对流风暴如强烈多单体风暴和超级单体风暴的发展(图 5.7)。

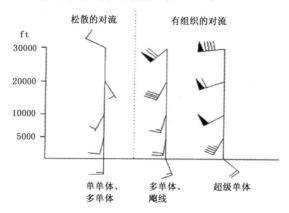

图 5.7　垂直风切变及其对对流风暴组织与结构的影响

　　用来衡量垂直风切变大小的比较常用的两个参数是深层垂直风切变和低层垂直风切变。深层垂直风切变指的是 6 km 高度和地面之间风矢量之差的绝对值,低层垂直风切变指的是 1 km 高度和地面之间风矢量之差的绝对值。如果深层垂直风切变小于 12 m·s⁻¹,则判定为较弱垂直风切变,若该值大于等于 15 m·s⁻¹ 而小于 20 m·s⁻¹,则判定为中等以上垂直风切变,若该值大于等于 20 m·s⁻¹,则判定为强垂直风切变。上述判据只适用于中高纬度地区的暖季(4—9 月)。对于低海拔地区,地面到 6 km 高度大致对应地面到 500 hPa。需要指出的是,这种方法只是一种粗略的估计,具体到每个例子,要分析具体的风廓线,有时虽然 0～6 km 风矢量差不大,但期间某一层(例如 925～700 hPa 之间)具有很强的垂直风切变,也往往可以发生高组织程度的强对流。

5.1.3　探空资料的代表性问题和订正

　　需要指出的是,大气层结稳定度、水汽条件和垂直风切变主要根据探空资料进行分析,我国探空站平均间隔 $200\sim300$ km,每隔 12 小时探测一次,时空分辨率太粗,不能真实地体现强对流天气发生时的环境条件。要使探空资料对于某一次强对流事件有较好的指示意义,探空资料应该遵循临(邻)近原则:时间上一般不超过对流发生前的 $3\sim4$ 小时;空间上与强对流天气发生地的距离小于 $100\sim150$ km。

　　探空进行的标准时间是世界时 00 时和 12 时,分别对应于北京时 08 时和 20 时,而对流活动多发生在下午和傍晚,如果假定早上 08 时探空状态保持不变,据此判断下午和傍晚的对流潜势是很困难的,误判的可能性很大。图 5.8 比较了上海宝山站 2005 年 9 月 21 日 08 时和 14 时探空(14 时探空是临时的加密探空)的 $T\text{-}\ln P$ 图,可以看出 08 时和 14 时探空的 CAPE 值相差很大。08 时探空 CAPE 值很小(332 J·kg^{-1}),对流抑制 CIN 较大,表示大气的对流不稳定很弱,而 14 时探空显示的 CAPE 非常大(6871 J·kg^{-1}),对流抑制 CIN 几乎为 0,表示存在强烈的对流不稳定。

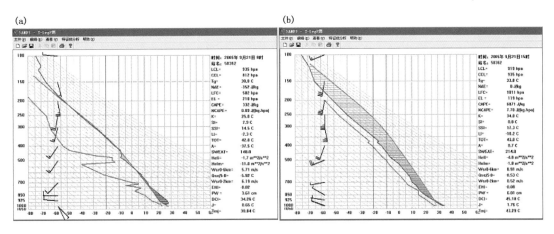

图 5.8　2005 年 9 月 21 日上海宝山探空站 08 时(a)和 14 时(b)的 $T\text{-}\ln P$ 图

　　解决探空资料代表性问题的一个重要办法是对探空资料进行订正。最基本的订正方法是,假定气块具有估计的午后地面最高温度和露点温度,该气块自地面绝热上升,此时的 CAPE 值对于午后和傍晚发生雷暴可能性具有更好的指示性。图 5.9 中的探空曲线在订正以前 CAPE 值为 0,订正后具有明显的 CAPE。但是,这种订正实际上是假定没有明显的平流过程,当天温度和湿度的变化主要发生在大气边界层。在有天气系统过境导致的平流过程比较明显时,这种订正方法往往不能反映真实大气的演变情况。对于垂直风廓线没有很好的订正方法,但风廓线的探测除了每隔 12 小时的探空外,在有降雨的情况下还可以参考多普勒天气雷达的速度方位显示风廓线(VWP)产品资料,有些地方还有风廓线雷达可以提供连续的风廓线监测。

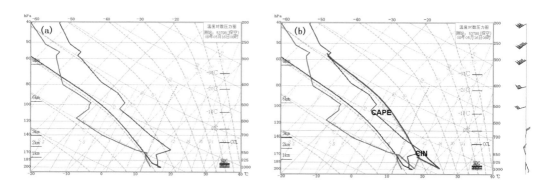

图 5.9　订正前(a)和订正后(b)的 08 时探空曲线

5.2　强冰雹的天气雷达探测和预警

冰雹是我国主要的自然灾害之一,它对航空、国防、工农业生产以及人民生命财产安全都有极大威胁。冰雹在我国分布极广,总的来说,高山和高原地区的冰雹较多,平原特别是东南沿海地区冰雹发生较少,但极端的强冰雹事件通常发生在平原地区。冰雹成灾的程度与冰雹大小有密切关系,冰雹越大,成灾的可能性越大。通常将落到地面上直径超过 2 cm 的冰雹称为大冰雹或强冰雹。天气雷达是探测雹暴的有力工具,运用雷达回波信息可以尽早发现雹暴,及时做好防范措施,尽量减小雹击带来的损失。

5.2.1　强冰雹产生的环境条件

冰雹是由雷暴产生的,因此产生雷暴的三个必要条件(垂直层结不稳定、水汽和抬升机制)当然也是冰雹产生的必要条件。另外,强冰雹的产生要求有比较强的、持续时间较长的上升气流,因为只有在这种条件下冰雹才有可能长大。持续时间较长的雷暴内强上升气流的形成要求环境的对流有效位能和垂直风切变较大。同时,湿球温度 0℃层到地面的高度也不宜太高,否则空中的冰雹在降到地面过程中可能融化掉大部分或者完全融化掉。美国的强对流预报人员总结出有利于强冰雹产生的三个关键因子(Johns and Doswell,1992):

(1)−10～−30℃之间的对流有效位能 CAPE。

(2)暖季深层垂直风切变值如超过 15 m・s⁻¹,则属于中等以上强度垂直风切变,如果超过 20 m・s⁻¹,则属于强的垂直风切变。

(3)湿球温度 0℃层到地面的高度。

如果前两个因子值较大,第三个因子值不是太大,则出现强冰雹的潜势相对较大。具体三个因子的定量值为多少,则因地区和季节差异而不同,需要对当地冰雹个例的环境条件进行分析总结。

5.2.2　强冰雹的雷达回波特征

雹暴由于其特殊的气流结构和相应的降水粒子空间分布,以及由于含有冰雹和大量水分而引起对电磁波的强烈衰减等,常常在雷达的回波图上呈现一些独特的特征。这些回波特征是识别雹暴的有效指标,也是雷达观测的重要内容之一。

众所周知,冰雹的增长需要强的上升气流,宽大、强盛而且持久的上升气流能够为冰雹的增长提供有利的条件。因此,利用多普勒天气雷达观测的上升气流特征可以用来判断冰雹的存在与大小。另外,三体散射长钉特征是探测冰雹最直接有效的指标。WSR-88D 提供的垂直累积液态水含量 VIL 及其密度和冰雹指数等衍生算法产品对冰雹也有一定的指示意义。总的来说,冰雹的多普勒天气雷达资料特征主要表现在以下四个方面:

(1)表征强上升气流的基本反射率特征:高悬的强反射率中心,弱回波区(WER)或有界弱回波区(BWER)。

(2)三体散射长钉特征(TBSS)。

(3)表征强上升气流的速度特征:中气旋,风暴顶辐散。

(4)反射率衍生产品特征:垂直累积液态水含量 VIL 和 VIL 密度,冰雹指数 HI。

5.2.2.1　高悬的强反射率中心

要形成大冰雹,必须有强的上升气流。上升气流越强,冰雹在上升气流中增长的时间就越长。异常强盛的上升气流最显著的特征是反射率因子高值区向上扩展到较高的高度。在相同的环境下,上升气流越强,高悬的反射率因子中心的强度就越强,伸展高度也越高,大冰雹的发生概率也越大(Waldvogel et al.,1979;Witt et al.,1998)。一般而言,如果 50 dBZ 的回波扩展到 $-20℃$ 等温线以上高度(图 5.10),同时湿球温度 0℃ 层距地面的高度为 3~4 km,可以考虑发布强冰雹预警。

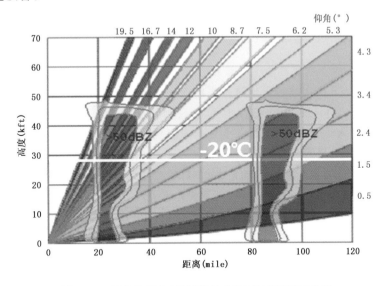

图 5.10　雹暴的基本特征"高悬的强回波"判据示意图

图 5.11 是根据加拿大观测数据给出的 50 dBZ 最大高度、0℃ 层距地面的高度与冰雹直径之间关系的散点图。总体上看,50 dBZ 扩展到的最大高度越高,冰雹直径越大;当 0℃ 层距地面的高度增加时,要降同样直径的冰雹需要 50 dBZ 最大高度也相应增高。但个例之间差异很大,例如图上 3 个冰雹直径在 6 cm 以上的降雹个例中,2 个个例 50 dBZ 最大高度在 11 km 左右,另一个个例中 50 dBZ 最大高度只有 8.3 km。3 个个例中,0℃ 层距地面的高度都在 3 km 左右。从图上注意到,在所有冰雹直径在 2 cm 以上的降雹个例中,0℃ 层距地面的高度都不超

过 5.1 km。需要强调的是,图 5.11 是根据加拿大的一些观测数值绘制的,并不能代表我国各地的情况。因此,每一个地区都可以根据当地的数据制作一幅与图 5.11 类似的图,对当地的冰雹预警是非常有参考价值的。

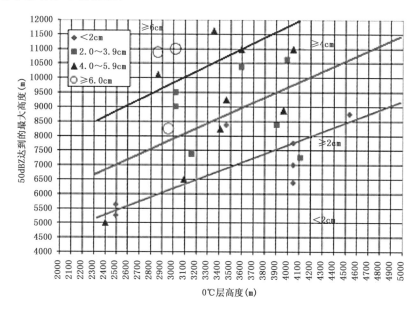

图 5.11 50 dBZ 高度、0℃层距地面的高度与冰雹直径之间关系的实测数据散点图
(菱形代表直径小于 2 cm 的冰雹,方块代表直径 2.0～3.9 cm 的冰雹,三角代表直径
5.0～5.9 cm 的冰雹,圆圈代表直径 6.0 cm 以上的冰雹。本图由 Paul Joe 提供)

表 5.1 给出了江西 6 次大冰雹天气过程中南昌探空资料 0℃、−20℃、−25℃等温层的高度,以及强回波顶高。6 次大冰雹天气过程强回波顶高都在 0℃层以上,45～55 dBZ 强反射率因子的高度都大于−20℃层高度,甚至有 5 次过程的 45～55 dBZ 强反射率因子高度大于−25℃层高度(2002 年 4 月 7 日 07 时探空气球未能到达−25℃高度层)。另外,这 6 次的 0℃层高度均在 5 km 以下,平均为 4.445 km。

表 5.1 江西 6 次大冰雹过程南昌站探空高度与冰雹云的强反射率因子高度比较
(摘自许爱华等,2007)

时间	等温层高度(m)			时间	回波宽度(km)		
	0℃	−20℃	−25℃		45～55 dBZ	56～65 dBZ	66～75 dBZ
2003-04-12 07 时	4160	7256	7925	2003-04-12T 14:31	11.0	9.0	7.5
2005-04-30 07 时	4759	7992	8629	2005-04-30T 14:12	13.0	10.5	9.0
2005-05-04 07 时	4527	7897	8582	2005-05-04T 15:27	12.0	7.7	4.5
2002-04-07 07 时	4570	7072	—	2002-04-07T 20:54	12.0	9.0	5.0
2006-04-11 07 时	4667	7061	7933	2006-04-11T 16:49	14.0	11.5	10.0
2006-06-10 07 时	3987	7198	9253	2006-06-11T 18:32	12.0	10.5	9.0
平均	4445	7413	8464	平均	12.3	9.7	7.5

5.2.2.2　弱回波区和有界弱回波区

弱回波区(WER)或有界弱回波区(BWER)的形成原因已在 4.4.2 节中详细阐述。Lemon(1978)指出,WER 或 BWER 是冰雹云的有效判别指标,并且通过雷达回波的三维结构分析可以识别出 WER 或 BWER 特征。他对近 80 个雷暴的雷达资料进行检验分析后发现,WER 或 BWER 作为冰雹指标的准确率 POD 达到 98%,平均时间提前量为 23 分钟,因此这个特征是非常有效的冰雹指标。必须记住,表征上升气流的强反射率因子顶部必须位于 WER 或 BWER 的上方。持续的 WER 有利于冰雹的增长,而大部分大冰雹都伴随 BWER。

通常可以通过在屏幕上同时显示四幅不同仰角的反射率因子图来确定雷暴的结构和强弱,称为四分屏显示。图 5.12 给出了 2005 年 6 月 15 日凌晨发生在安徽北部的一次强烈雹暴过程的雷达回波四分屏显示,分别为 00 时 16 分(北京时)0.5°、2.4°、6.0°仰角的反射率因子图和 1.5°仰角的径向速度图。需要注意的是,0.5°和 6.0°仰角的反射率因子图上的双箭头指示同样的地理位置。在 0.5°仰角反射率因子图上,双箭头指向风暴的低层入流缺口,箭头前方是构成入流缺口的一部分低层弱回波区,而在 6.0°仰角上,箭头前面是超过 60 dBZ 的强回波中心,也就是说在低层与入流缺口对应的弱回波区之上,有一个强回波悬垂结构。因此,通过这种四分屏显示方式,不必做垂直剖面就可以判断出对流风暴雷达回波的垂直结构。上述雹暴于 15 日 00 时 30 分左右在安徽固镇降落了直径达 12 cm 的巨大冰雹。

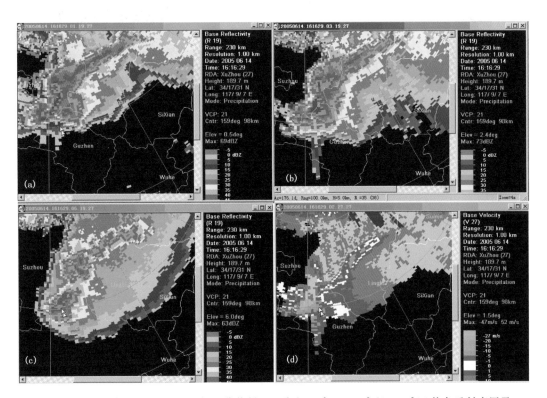

图 5.12　2005 年 6 月 15 日 00 时 16 分徐州 SA 雷达 0.5°(a)、2.4°(b)、6.0°(c)仰角反射率因子和 1.5°仰角径向速度(d)图(图中的双箭头指示同样的地理位置)

　　为了更清楚地显示该雹暴的垂直结构,在图 5.12 中沿着雷达径向通过最强反射率因子核心作垂直剖面,如图 5.13 所示。当时的探空资料显示 0℃和－20℃层距地面的高度分别是4.6 km 和 7.8 km,而剖面图显示位于回波悬垂上的 65 dBZ 以上的强回波核心位置高度超过9 km,远在－20℃层等温线高度以上,剖面左侧的强回波区域对应大冰雹的下降通道,回波强度也超过 65 dBZ,其右边是宽广的弱回波区和位于弱回波区上面的回波悬垂,它们的水平尺度超过 20 km。在横坐标水平位置 55 km 处上方存在一个不算显著的有界弱回波区。

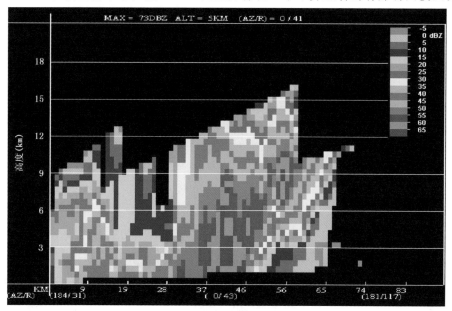

图 5.13　2005 年 6 月 15 日 00 时 16 分沿着雷达径向通过最强反射率因子核心所作的垂直剖面图

　　图 5.14 为 2006 年 4 月 11 日南昌新一代天气雷达探测的抚州风暴的 BWER 特征。左边6 幅图为 16 时 49 分不同仰角的反射率因子图,在 2.4°仰角图上,风暴主体西南部的反射率因子大值区(红色和黄色)中有一明显的弱回波区(绿色),呈现出典型的有界弱回波区(BWER)特征。右图为相应时刻沿 2.4°仰角反射率因子图上的标识白线所作的垂直剖面图,可见清晰的穹隆回波,穹隆的悬垂位于约 7 km,最大的回波强度出现在左侧的回波墙上部 6 km 处,反射率因子值达 71 dBZ。

　　因此,对于大冰雹的雷达回波识别,除了高悬的强反射率因子之外,在中等以上垂直风切变条件下可以进一步考虑雷暴回波的三维结构,通过四分屏显示方式判断有无低层反射率因子高梯度区、低层入流缺口、弱回波区、回波悬垂、有界弱回波区等代表强上升气流的特征。在冰雹预警的第一个条件(50 dBZ 最大高度在－20℃等温线高度以上,并且湿球温度 0℃等温线距离地面高度不过高)满足的情况下,如果有上述代表强上升气流的回波形态特征部分出现,则大冰雹的概率会明显增加,大冰雹警报的发出可以更果断。

5.2.2.3　三体散射长钉

　　由于云体中大冰雹散射作用非常强烈,由大冰雹侧向散射到地面的雷达波被散射回大冰雹,再由大冰雹将其一部分能量散射回雷达,在大冰雹区向后沿雷达径向的延长线上出现由地面散射造成的虚假回波,称为三体散射回波假象,其产生原理的示意图如图 5.15 所示。Lem-

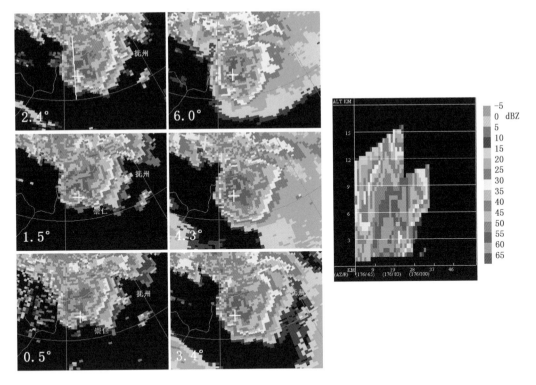

图 5.14　2006 年 4 月 11 日南昌新一代天气雷达探测的抚州风暴的穿隆结构

左边 6 幅图分别为 16 时 49 分不同仰角的反射率因子图;右图为沿左上图白线位置所作的垂直剖面

on(1998)提出了利用"三体散射长钉(three-body scatter spike,TBSS)"识别大冰雹的雷达预警技术。他指出,这种在雷达图像上观测到的虚假回波是探测大冰雹的充分非必要条件。C 波段(波长 5 cm)雷达更容易探测到 TBSS 特征,但它可能是由大雨滴而不仅仅是冰雹造成,对于 S 波段(波长 10 cm)的多普勒天气雷达,TBSS 往往与大冰雹相关。Lemon(1998)在研究

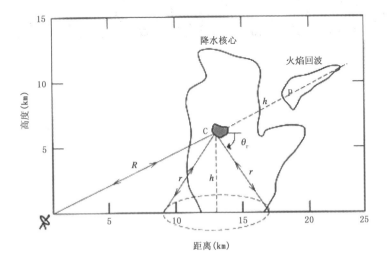

图 5.15　三体散射示意图(摘自 Lemon,1998)

了数个三体散射个例后指出,观测到三体散射长钉后的10~30分钟内地面有可能出现冰雹直径大于2.5 cm的降雹,同时往往伴随有地面的灾害性大风。廖玉芳等(2003;2007)对发生在我国的三体散射进行了全面的分析,发现除了0℃层到地面距离非常高(超过5 km)的情况外,几乎所有三体散射个例都伴随有大冰雹。在图5.12中,0.5°、1.5°和2.4°仰角图上都有明显的三体散射特征,尤其以2.4°仰角的三体散射长钉最明显。

郭艳(2010)对江西省2002—2007年的地面观测和雷达资料进行普查后得到28个风暴样本,对这28个风暴样本进行统计后发现,有11个直径大于等于19 mm的大冰雹事件、15个小冰雹事件。所有的小冰雹事件都没有产生TBSS,观测到TBSS特征的风暴都产生了大冰雹,即TBSS出现总是伴随着大冰雹事件。图5.16a为2004年4月11日产生鹅蛋大小的冰雹(约60~100 mm)的局地强对流风暴,在降雹前约1小时就探测到明显的TBSS特征。图5.16b是2004年7月22日的局地强对流风暴,TBSS特征出现后8分钟地面出现了直径20 mm的冰雹。11个大冰雹事件中有9个伴有TBSS,另外2个风暴没有观测到TBSS,说明并非所有产生大冰雹的风暴都能观测到TBSS特征。分析发现,没有观测到TBSS特征的风暴周围,尤其是沿径向远离雷达的方向上往往有其他风暴,也就是说,很可能这2个风暴产生了TBSS特征,但由于它的反射率因子值较小而被其他的风暴掩盖了。如图5.16c所示,雷达位于风暴的南面,图中风暴产生了冰雹直径为20 mm的降雹,由于在该风暴的北面,即远离雷达的方向上有另外一个风暴单体,使得我们无法判断该雹暴是否产生了TBSS特征。因此,TBSS特征对大冰雹的产生有很好的指示意义,但由于探测方位和风暴环境的影响有时会导致这种特征被掩盖。TBSS是探测大冰雹的充分非必要条件。

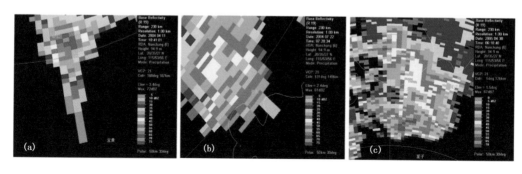

图5.16　雹暴的TBSS特征(摘自郭艳,2008)
(a)2004年4月11日;(b)2004年7月22日;(c)2005年4月30日

另外,对11个大冰雹样本的多普勒天气雷达资料的统计特征结果表明,TBSS可以出现在雷达10~180 km探测半径范围内,出现TBSS的风暴中心强度普遍大于70 dBZ,但2004年7月22日的雹暴虽然只有61 dBZ,也出现了TBSS。利用TBSS进行大冰雹预警的时间提前量,最小为0分钟,最大达到77分钟。不同距离处观测TBSS特征的最佳仰角有很大差异,距离雷达50 km以内的最佳观测仰角为6.6°以上,距离雷达50~150 km范围内的最佳探测仰角为1.5°~3.4°。由于产品分辨率的影响,距离雷达150 km以外比较难观测到明显的TBSS特征,只能在最低仰角观测且特征比较弱、不易识别,200 km以外几乎无法观测到TBSS特征。图5.17为2006年4月11日出现在江西吉安的雹暴,图5.17a为距离该雹暴约230 km以外的南昌雷达探测到的回波,勉强能辨别出TBSS特征,且回波结构粗糙。图5.17b为距离该雷暴约 40 km 的吉安雷达探测到的回波形态,图中可见清晰的 TBSS 特征和钩状回波结构。

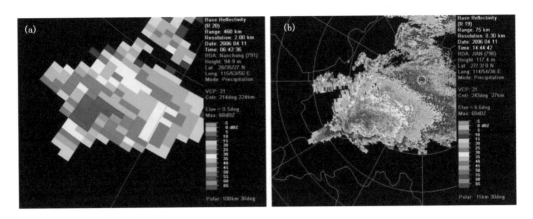

图 5.17　2006 年 4 月 11 日吉安雹暴在不同雷达上的回波形态(摘自郭艳,2007)

(a)南昌雷达;(b)吉安雷达

5.2.2.4　中气旋

中气旋是指与对流风暴上升气流密切相关的小尺度涡旋,尺度小于 10 km,同时满足一定的旋转(切变)、垂直伸展和持续时间的判据,其特征与识别方法已在 4.4.1 节中详细介绍过。很多研究(郭艳,2005;应冬梅,2007)表明,在区域性的大冰雹天气过程中,降雹前风暴的径向速度图上都出现了中气旋。图 5.18 给出了江西 6 次局地雹暴的径向速度场,它们具有明显的中气旋特征。

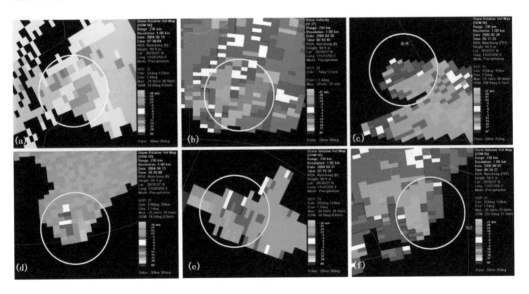

图 5.18　局地雹暴的中气旋特征(图中白色圆圈标出了中气旋特征所在位置)(摘自郭艳,2008)

(a)2004 年 6 月 18 日;(b)2005 年 4 月 30 日;(c)2006 年 6 月 28 日;

(d)2004 年 4 月 11 日;(e)2004 年 4 月 21 日;(f)2006 年 8 月 1 日

另外有研究表明,在其他条件类似的情况下,哪怕是比较弱的雷暴尺度涡旋(达不到中气旋标准),也会使冰雹的直径明显增加。因此,在高悬的强回波这一雹暴基本特征出现的前提下,中气旋甚至弱涡旋都会表明更高的大冰雹概率。需要指出的是,虽然中气旋特征与冰雹天气有非常好的相关性,但由于只证实了它是必要条件,未进行充分条件的检验,所以使用这个指标作预报时应谨慎,最好是结合各种参数指标综合考虑。

5.2.2.5 风暴顶辐散

强烈的风暴顶辐散意味着雷暴中上层具有很强的上升气流速度,有利于大冰雹的生长,因此风暴顶强烈辐散也是识别强冰雹的一个辅助指标(Witt and Nelson,1984)。图 5.19 为 2010 年 3 月 5 日 18 时 35 分福建建阳 SA 雷达风暴相对径向速度图,0.5°和 1.5°仰角图上都表现为气旋性旋转,4.3°仰角图上则表现为纯辐散,该仰角上辐散中心位置对应的高度约为 11 km。

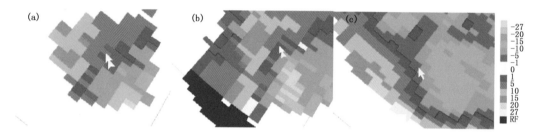

图 5.19 2010 年 3 月 5 日 18 时 35 分福建建阳 SA 雷达风暴相对径向速度图(摘自冯晋勤等,2012)
(a)0.5°仰角;(b)1.5°仰角;(c)4.3°仰角

应冬梅等(2007)对江西省 4 次大冰雹天气过程进行分析的结果表明,所有大冰雹过程都有强的风暴顶辐散特征(如图 5.20),说明了风暴顶辐散与冰雹有较好的相关性。

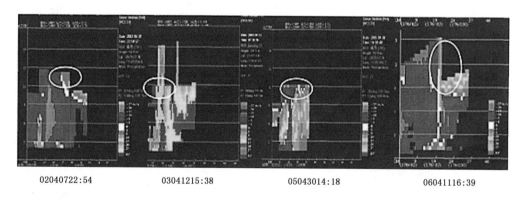

图 5.20 江西冰雹天气过程的风暴顶辐散特征(摘自应冬梅等,2007)
(雷达均在图的左侧,白色椭圆形区域为风暴顶辐散区)

但是,由于观测风暴顶辐散要求雷达能够探测到风暴顶的速度场,当对流风暴离雷达站较近时,即使用较高的仰角有时也探测不到风暴顶,因此风暴顶辐散常常观测不到。所以,强风暴顶辐散只能作为冰雹预警的一个辅助指标。

5.2.2.6　垂直累积液态水含量 VIL 和 VIL 密度

垂直累积液态水含量 VIL 是指将雷达反射率因子数值转换成等价的液态水量值,它用的是假定所有反射率因子返回都是由液态水引起的经验公式 $M = 3.44 \times 10^{-3} Z^{4/7}$,将每个仰角的反射率因子值($Z$)转换成每 4 km × 4 km 网格点上的液态水含量(M),然后再对每个网格点进行垂直累加后得到 VIL(单位是 kg·m^{-2})。因此,VIL 反映了降水云体中在某一底面积(4 km × 4 km)的垂直柱体内液态水的总量,其产品号为 57,显示范围为 230 km。

VIL 产品有着广泛的应用,一般有助于确定大多数显著风暴的位置,往往和大面积降水区中的降水中心区对应得很好。冰雹单体能导致很强的 VIL,所以有助于确定带有大冰雹的风暴。VIL 如果大大高于相应季节的对流风暴的平均 VIL 值,则发生大冰雹的可能性很大(俞小鼎等,2005)。Edwards 和 Thompson(1998)对美国 400 多个冰雹事件的统计分析发现,冰雹直径随着 VIL 的增大而增大,VIL 在 45 kg·m^{-2} 以上的风暴一般产生直径 1.9 cm 以上的冰雹,55 kg·m^{-2} 以上的一般产生直径 3 cm 以上的冰雹。许爱华等(2007)分析了江西省 6 次区域性大冰雹天气过程后发现,区域性大冰雹天气过程中,雹暴的最大 VIL 为 66~80 kg·m^{-2}。图 5.21 为 2012 年 4 月 20 日出现在四川达州一次雹暴过程的 1.5°仰角反射率因子图和相应时刻的 VIL 产品图。从图 5.21a 可以看出,竹峪附近回波中心强度达到 65 dBZ 以上,并且已经出现明显的三体散射特征,对应图 5.21b 风暴的 VIL 中心强度值达到 73 kg·m^{-2}。本次雹暴过程在地面观测到直径达 6 cm 的冰雹。

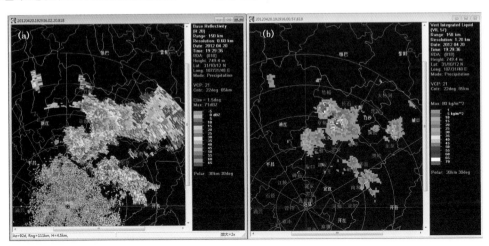

图 5.21　2012 年 4 月 20 日 19 时 29 分(北京时)达州 SC 雷达探测到的
1.5°仰角反射率因子(a)和垂直累积液态水含量 VIL 产品图(b)

另外,郭艳(2007)研究分析还发现,VIL 的变化尤其是跃增的特性,对于判断冰雹的增长非常有效。降雹前风暴的 VIL 最大值往往会出现明显的跃增,这可能是由于计算 VIL 时假定反射率因子完全是由液态水的瑞利反射产生的缘故。实际上,当大雨滴、球形冰雹等降水粒子大到不能满足 $\dfrac{2\pi r}{\lambda} \ll 1$ 的条件时,粒子的后向散射特性将会由瑞利散射转变为米散射,使反射率因子迅速增大。当反射率因子增大时,VIL 也会增大。因此,冰雹的形成和增长是 VIL 出现跃增的主要原因。当大量的大冰雹降落时,VIL 也迅速减小。总之,VIL 的这一变化规律为判断风暴中冰雹的增长提供了有效的信息。

　　实际工作中,VIL 并不能有效地区别大冰雹和一般大小的冰雹。Amburn 和 Wolf(1997)指出,VIL 密度(即 VIL 与回波顶高 ET 的比值)可以很好地指示大冰雹,因为它可以消除由于使用风暴高度代替冻结层高度而造成 VIL 阈值变化的问题。简而言之,大的反射率因子值表明强上升气流的存在,而冰雹生长区高度更低则使得冰雹落地之前的融化过程缩短,提升了出现大冰雹的概率。他们的研究还发现,90% 雹暴的 VIL 密度≥3.5 g・m^{-3},而几乎所有 VIL 密度≥4.0 g・m^{-3} 的风暴都会产生大冰雹(直径≥2 cm)。图 5.22 给出了一个计算实例,图中的 2 个雹暴差别很大,左边雹暴的 VIL 和 ET 值都小于右边雹暴,但是它们具有相同的 VIL 密度值(5.22 g・m^{-3}),都有产生大冰雹的可能性。

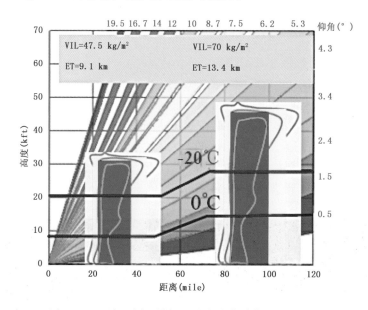

图 5.22　两个不同风暴的 VIL 密度值计算示意图

　　需要提醒的是,由于新一代雷达测高存在先天的局限性(利用各层 PPI 扫描进行插值计算得到),而 VIL 和 VIL 密度都是高度的函数,所以 VIL 和 VIL 密度必然也继承了这种局限性。因此,建议结合其他指标而不要单独使用 VIL 或 VIL 密度来进行冰雹预警。

5.2.2.7　冰雹指数 HI

　　敏视达公司生产的 CINRAD-SA,SB 都采用了改进的冰雹探测算法(HAD),该算法综合考虑了冰雹产生时风暴单体的反射率因子、温度及高度的关系,提供冰雹发生的三种信息:任意尺寸冰雹的降雹概率 POH、直径 2 cm 以上冰雹的降雹概率 POSH、风暴的最大冰雹直径 MEHS。

　　冰雹指数(HI)产品是冰雹探测算法的图形输出结果,产品号为 59,产品特征如图 5.23 所示。图中符号意义如下:

△	最小显示临界值≤POH<填充的临界值
▲	POH≥填充的临界值,且 POSH<最小 POSH 显示临界值
△	最小显示临界值≤POSH<填充的临界值
▲	POSH>填充的临界值

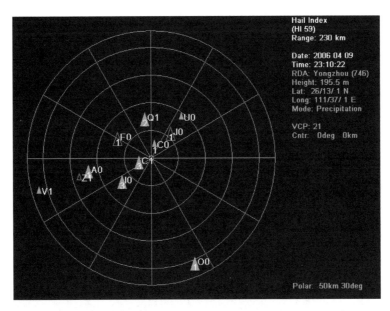

图 5.23　冰雹指数产品

　　图像上方可叠加风暴属性表,包括风暴号、位置(方位/距离)、产生冰雹/强冰雹的百分比、最大冰雹尺寸、0℃和−20℃等温层高度及更新时间等。

　　WSR-88D 的 0℃和−20℃层高度默认设置分别为 3.2 km 和 6.1 km,应每天根据探空资料进行重新设置,改善冰雹指数的空报情况。根据经验,冰雹指数往往对强对流明显高估,即空报较多。不过,当 POSH 值比较大时,即使不产生冰雹,往往也会产生雷暴大风等其他强对流天气。

5.2.2.8　雹暴的其他回波特征

　　除了上述特征外,对于 C 波段雷达,由于冰雹的强烈衰减,强冰雹回波有时会出现一个顶点指向雷达的"V"形缺口。图 5.24 显示了 2006 年 7 月 27 日上午内蒙古鄂尔多斯 CB 雷达观测到的强烈雹暴,该雹暴产生的最大冰雹直径超过 45 mm,图中 A 和 B 指示了由于冰雹对雷达波的衰减造成的"V"形缺口。

5.2.3　强冰雹个例

　　湖南永州 2006 年 4 月 9 日晚至 10 日凌晨出现了强冰雹、下击暴流和龙卷天气。永州市零陵区的石岩头镇出现了一次雹暴天气过程,35 个行政村中有 20 个行政村共 3058 户、14261 人受灾,受损房屋 2572 座,倒塌房屋 5 座;电力设施全部中断,有线电视、通信等基础设施均不同程度受损;受损秧苗 69.5 hm^2,受损率达 80%。据当地一位细心的群众反映,冰雹从 23 时 19 分(北京时,下同)开始,23 时 39 分结束,历时 20 分钟,他随手捡了一个大冰雹称称,重 600 g(据此计算出直径为 110 mm)。

5.2.3.1　天气背景分析

　　这次雹暴过程是在高空有低槽东移,中低层有切变低涡和西南急流发展,地面湘北倒槽锋生南压的形势背景下发生的。4 月 9 日 08 时 500 hPa 图上华中有一北支槽,云南有一南支槽;

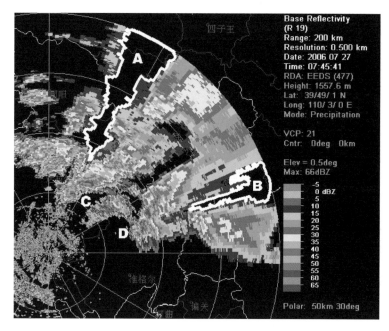

图 5.24　2006 年 7 月 27 日 7 时 45 分内蒙古鄂尔多斯 CB 雷达观测的 0.5°仰角反射率因子图

20 时北支槽东移到华东,南支槽东移到贵州境内,且有所加深,永州市处于南支槽前的高空西南急流之下。08—20 时,由于槽后冷平流的作用,500 hPa 等压面上永州附近有明显的负变温。9 日 08 时 850 hPa 图上在武汉—怀化—贵阳一线有一切变线,其南侧桂北到湘中有一低空急流,风速辐合也明显(桂林 SW 20 m·s^{-1},长沙 SW 16 m·s^{-1});到 20 时贵阳东南侧有一低涡环流生成,切变线演变成"人"字形;切变线南侧的低空急流轴线由 NE—SW 向转为 ENE—WSW 向,风速辐合加强(桂林 SSW 18 m·s^{-1},长沙 WSW10 m·s^{-1}),永州一带暖湿平流明显,08—20 时,12 小时期间有明显正变温。因此,大气层结变得越来越不稳定,同时垂直风切变很强,无论是 0~6 km 之间深层垂直风切变还是 0~3 km 之间低层垂直风切变都很强,环境条件非常有利于超级单体风暴产生。9 日 08 时地面图上湘北倒槽锋生,20 时锋面位于湖南中南部,呈 WSW—ENE 走向。图 5.25 为 2006 年 4 月 9 日 20 时位于永州上游 150 km 的桂林的探空曲线,由于桂林已经有雷暴发展,消耗了一定的对流有效位能,因此对流有效位能不是很大,但垂直风切变非常大,0~6 km 之间的风矢量差超过 30 m·s^{-1}。

5.2.3.2　雷达回波分析

图 5.26 给出了永州 SB 雷达 2006 年 4 月 9 日 23 时的组合反射率因子图,相应时刻的红外云图放置在图的右下角。由图可见,有 2 排 SW—NE 走向的线状排列的线性多单体风暴,前面一排至少可以分辨出 4 个相互分离的强单体,这 4 个强单体全部都是超级单体风暴,产生最强冰雹的是最靠南端的超级单体风暴。

图 5.27 给出了 9 日 23 时 16 分永州 SB 雷达 1.5°、4.3°、6.0°仰角反射率因子图以及 4.3°仰角径向速度图。首先看 1.5°仰角反射率因子图,其中心高度大约在 2 km,可以清晰看到低层来自南方的暖湿气流的入流缺口以及其左侧的钩状回波,该钩状回波不算典型,但可分辨。4.3°仰角径向速度图上出现明显速度模糊,主观退模糊后可以分辨出一个非常明显的中

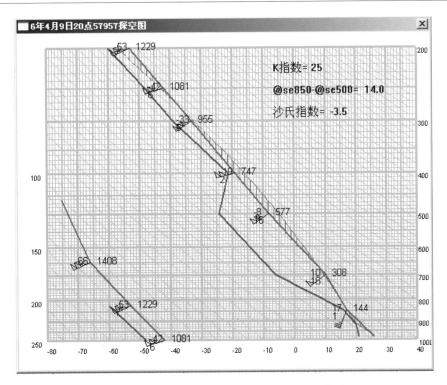

图 5.25　2006 年 4 月 9 日 20 时桂林站探空曲线

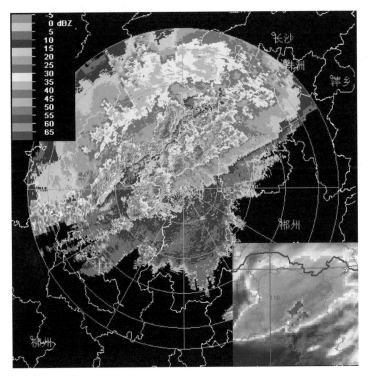

图 5.26　2006 年 4 月 9 日 23 时永州 SB 雷达组合反射率因子图，
其右下角叠加同时的红外云图

气旋,一侧速度极值是 3 m·s⁻¹ 向着雷达的径向速度,另一侧速度极值是 54 m·s⁻¹ 离开雷达的径向速度,是一个旋转速度达 25 m·s⁻¹ 的强中气旋。由于风暴本身以很快的速度向着雷达方向运动,因此中气旋结构严重不对称,经过减去风暴移动速度,得到相对风暴径向速度图(图 5.28),此时中气旋比较对称。接下来检验 4.3°和 6.0°仰角反射率因子图,其中心高度分别为 4.0 km 和 6.2 km,最明显的特征是有界弱回波区(BWER),4.3°仰角其尺度有 6～7 km,到 6.0°仰角其尺度明显缩小(2～3 km),周边回波更强;另一个明显特征是三体散射长钉,在这两个仰角的反射率因子图上都很明显,尤其是 6.0°仰角的反射率因子图上的三体散射长钉长达 60 km 以上。

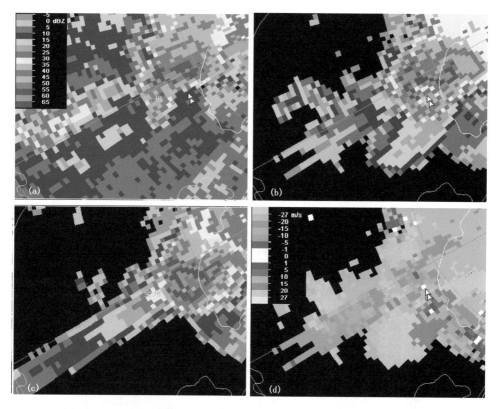

图 5.27　2006 年 4 月 9 日 23 时 16 分湖南永州 SB 雷达 1.5°(a)、4.3°(b)、
6.0°(c)仰角反射率因子图和 4.3°(d)仰角径向速度图

　　沿低层暖湿入流穿过有界弱回波区中心的垂直剖面如图 5.29 所示。由探空资料可知,0℃和−20℃层高度分别为 4.5 km 和 7.6 km,而剖面显示 55 dBZ 以上的强回波一直向上扩展到 10 km 高度,远远超过−20℃层高度,呈现非常典型的高悬强回波特征。同时,中低层的弱回波区、位于其上的回波悬垂以及凹进回波悬垂的有界弱回波区非常明显。另外,9.9°仰角径向速度图上显示了一个明显的风暴顶辐散(图 5.30),辐散中心高度在 9 km 左右,正负速度对相距 6 km,速度差 26 m·s⁻¹,对应散度值大致为 0.9×10^{-2} s⁻¹。再考虑到上面提到的三体散射和强中气旋,所有这些特征一致表明该超级单体风暴是一个强烈雹暴,它具有一个强雹暴的所有多普勒天气雷达回波特征。

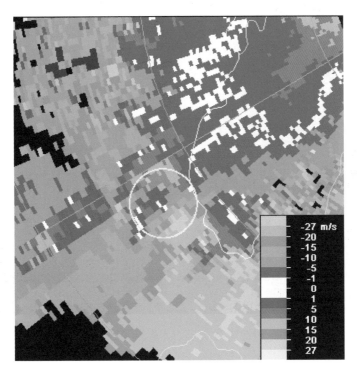

图 5.28　2006 年 4 月 9 日 23 时 16 分永州 SB 雷达 4.3°仰角相对风暴径向速度区图
（黄色圆圈内为中气旋）

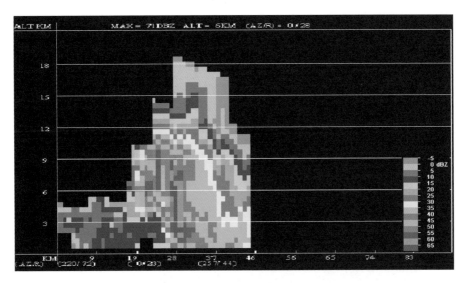

图 5.29　2006 年 4 月 9 日 23 时 16 分沿图 5.27 所示超级单体风暴低层暖湿入流穿过
有界弱回波区中心的反射率因子垂直剖面图

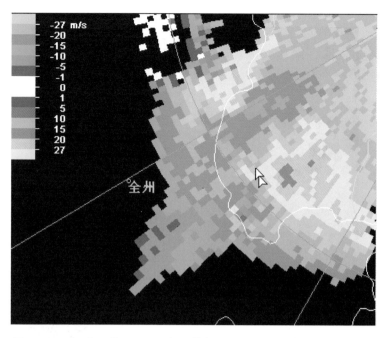

图 5.30　2006 年 4 月 9 日 23 时 22 分永州 SB 雷达 9.9°仰角径向速度图

5.3　雷暴大风的天气雷达探测和预警

灾害性雷暴大风通常指对流风暴产生的龙卷以外的地面直线型风害。研究发现,雷暴大风的产生方式主要有以下三种:

(1)对流风暴中的下沉气流达到地面时产生辐散,直接造成地面大风,如图 5.31 所示。除了较强的下沉气流外,移动着的雷暴产生的高空水平动量下传也是造成地面大风的重要原因。

图 5.31　雷暴内下沉气流的强烈辐散导致地面大风(Doswell 提供)

（2）对流风暴的下沉气流由于降水蒸发冷却在到达地面时形成一个冷空气堆（cold pool）向四面扩散，冷空气堆与周围暖湿空气的界面称为阵风锋（类似于冷锋，可以看作浅薄的中尺度冷锋），阵风锋的推进和过境也可以导致大风。有时是孤立的雷暴自身产生阵风锋，有时由大量雷暴过程组成的雷暴群的下沉气流到达地面后形成的冷堆连为一体，形成一个共同的冷堆向前推进，其前沿的阵风锋可达数百千米长，图 5.32 给出了阵风锋导致大风的具体例子。

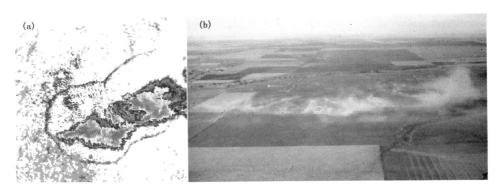

图 5.32　雷暴群的下沉气流到达地面形成冷堆向四周扩散，其前沿的阵风锋可以带来地面大风
（a）雷达回波；（b）阵风锋导致的地面大风沿阵风锋前沿卷起的尘土

（3）低空暖湿入流在快要进入上升气流区时受到上升气流区的抽吸作用而加速，导致地面大风（图 5.33）。这种情况下产生的大风范围很小，并且只有在上升气流非常强的雷暴附近才会出现。

图 5.33　低空暖湿入流在快要进入上升气流区时受到上升气流区的
抽吸作用而加速导致地面大风（Doswell 提供）

　　需要指出的是,第一种和第二种方式在单个孤立雷暴的情况下往往是一回事,导致的雷暴大风占了灾害性雷暴大风的绝大多数。因此,本节主要讨论第一种方式导致的雷暴大风。

5.3.1　雷暴大风的潜势预报

　　对于雷暴大风潜势预报,在考虑雷暴生成三要素(层结不稳定、水汽条件、抬升触发)的基础上,还需要考虑能够导致强烈下沉气流的条件。虽然在以往的研究中对导致强烈下沉气流的要素和机制观点不同,但大家都认同的有利于雷暴内强烈下沉气流的背景条件是:

　　(1)对流层中层存在一个相对干的气层。这有利于干空气夹卷进入刚刚由降水发动的下沉气流中,使得雨滴蒸发,下沉气流内温度降低到明显低于环境温度而产生向下的加速度。

　　(2)对流层中下层的环境温度直减率较大,越接近于干绝热越有利。这有助于保持下沉气流在下沉增压增温过程中和环境之间的负温差,使得下沉气流在下降过程中温度始终低于环境温度,一直保持向下的加速度。

　　Emanuel(1994)引入参量下沉对流有效位能 DCAPE 表示雷暴大风的潜势,其表达式为

$$DCAPE = \int_{p_i}^{p_n} R_d(T_e - T_p) \mathrm{d}\ln p \tag{5.1}$$

式中,T_e 和 T_p 分别代表环境和下沉气块温度;p_i 表示下沉气块起始处的气压,一般取 $700\sim400$ hPa 间湿球位温 θ_w 或假相当位温 θ_{se} 最小值处或简单取 600 hPa 处气压;p_n 表示下沉气块到达中性浮力层或地面时的气压。

　　Emanuel(1994)认为,DCAPE 极大值可以想象气块通过两种过程取得,第一种过程,气块通过等压冷却达到湿球温度;第二种过程,有"适量"的雨水蒸发,使气块一直"恰巧刚刚"达到饱和状态,在维持气块饱和状态条件下沿假绝热过程下降。在日常工作中,我们通常假定气块从 600 hPa 高度下降,该高度上的气块由于雨滴等压蒸发作用达到饱和,接着按假绝热过程下降,下降过程中假定总有"适量"雨水蒸发,使气块一直"恰巧刚刚"达到饱和。此过程中气块消耗的下沉气流有效位能为 DCAPE,与 $T\text{-}\ln P$ 图中层结曲线(右)以及假相当位温等值线(左)所包围的阴影区面积呈正比(图 5.34)。

　　值得注意的是,在没有足够使雷暴产生的 CAPE 情况下,根据探空资料计算仍可能存在 DCAPE,但由于没有雷暴发生,DCAPE 即使是正值也不会产生地面大风。

5.3.2　弱垂直风切变下的雷暴大风

　　如前所述,在弱垂直风切变条件下只有一种类型的强对流风暴,即脉冲风暴(图 4.10)。与脉冲风暴相伴随的最常见的强对流天气就是下击暴流(downburst)。所谓下击暴流就是指能在地面产生 $17 \text{ m} \cdot \text{s}^{-1}$ 以上瞬时风的强烈下沉气流(Fujita,1978)。下击暴流在地面附近形成辐散性阵风,有时风速很大,可以造成类似龙卷那样的严重灾害;有时风速虽然不大,但由于这种辐散性气流的尺度较小,可产生很强的水平风切变,假如这种情况发生在机场附近,则可能对飞机起飞降落影响极大,甚至会造成严重的灾害性后果(图 5.35)。研究表明,飞机在机场起降时发生的事故很多都是由于下击暴流造成的(Fujita,1977)。

　　下击暴流按尺度可分为两种:(1)微下击暴流(microburst),水平辐散尺度小于 4 km,持续时间为 $2\sim10$ 分钟;(2)宏下击暴流,水平辐散尺度大于等于 4 km,持续时间为 $5\sim20$ 分钟。

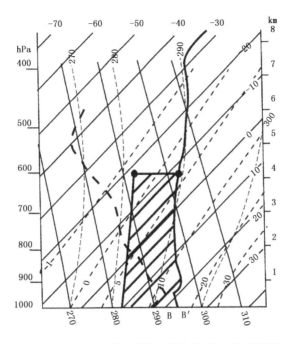

图 5.34　T-$\ln P$ 图中下沉有效位能 DCAPE 示意图

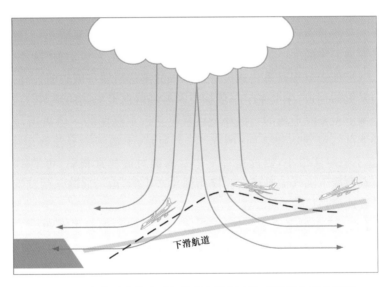

图 5.35　由微下击暴流引起的低空风切变造成飞机失事示意图

通常把宏下击暴流简称下击暴流。

　　脉冲风暴产生的下击暴流中多数是微下击暴流,这大概是由于脉冲风暴通常尺度比较小的缘故。图 5.36 给出了一个微下击暴流的三维结构示意图(Fujita,1985),包括空中的辐合、旋转的下沉气流和地面附近的辐散。从图中可见,下击暴流触地以后,还会向上卷起,产生圆滚状的水平涡旋。另外,图中显示下击暴流在下降过程中往往伴随着旋转。

　　下击暴流常常被包含在一个孤立的风暴或风暴系统的出流之中。多个下击暴流可以结合在一起构成更大尺度的出流。有些看上去不强的对流风暴也会产生下击暴流。事实上,有些产生下击暴流的对流风暴中的上升气流很弱,以至于产生不了雷电。

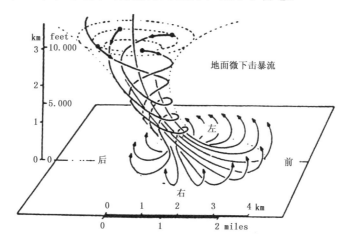

图 5.36　微下击暴流三维结构示意图(摘自 Fujita,1985)

　　脉冲风暴微下击暴流既可以发生在湿的大气环境下也可以发生在相对干的大气环境下,分别称为湿微下击暴流和干微下击暴流。在中纬度地区,下击暴流通常发生在暖季。在干旱和半干旱地区,干微下击暴流占支配地位,在湿润地区,湿微下击暴流相对常见。

5.3.2.1　干微下击暴流

　　干微下击暴流是指在强风阶段不伴随(或很少)降水的微下击暴流,它主要是由浅薄的、云底较高的积雨云发展而来的。一般来说,这类下击暴流事件的发生类似"脉冲",通常与弱的垂直风切变和弱天气尺度强迫相联系。这类下击暴流的雷达回波一般较弱。

　　对干微下击暴流的预报,主要基于早晨探空资料和对白天加热的预期,这在业务中有成功的应用。导致干微下击暴流形成的其他环境因素包括云下深厚的干绝热层,并且中层具有足够的湿度能维持下沉气流到达地表面(图 5.37)。通常,干微下击暴流环境中自由对流高度(LFC)很高,垂直不稳定度很小,因此这种下击暴流的对流通常很弱,可能不产生雷电现象。与干微下击暴流有关的下沉气流是由云内降雨拖曳产生的,由云底降水的蒸发、融化和升华所产生的负浮力导致地面强风的产生。

　　图 5.38 给出了一个干微下击暴流的例子,图中的浅薄积雨云正在产生下击暴流,降水没有到达地面就全部蒸发,形成明显雨幡,经过降水蒸发冷却导致的强烈下沉气流在地面形成大风。这样的母云和雨幡看上去很无害,在雷达反射率因子图上也表现较弱,往往不会引起人们的注意,然而它对飞机起降威胁很大。

5.3.2.2　湿微下击暴流

　　湿微下击暴流经常是指伴随着大雨和冰雹的下击暴流,它是湿润地区下击暴流的主要形式,往往产生于较湿边界层环境中。因为湿微下击暴流与强降水密切相关,所以湿微下击暴流通常伴随着强的雷达反射率因子。

　　弱垂直风切变条件下,产生湿微下击暴流的环境通常具有弱天气尺度强迫和强垂直不稳定性的特点。湿微下击暴流产生前环境不存在逆温,LFC 的高度较低,高空存在相对干的空气层。下午的加热过程通常能在地面和 1.5 km 高度之间产生一个干绝热层(图 5.39)。湿微

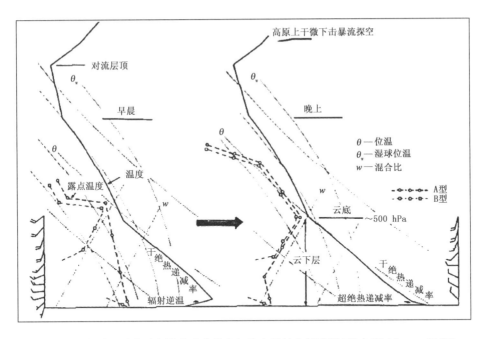

图 5.37　有利于干微下击暴流形成的大气热力层结和风廓线(摘自 Wakimoto,1985)

图 5.38　产生干微下击暴流的浅薄积雨云图片(Lemon 提供)

下击暴流主要是受云内和云底下方的融化和蒸发冷却效应所驱动而产生的。由于湿微下击暴流与强降水相联系,水载物对下沉气流的激发和维持起重要作用。θ_e 随高度减小(从地面到空中的某一极小值)与湿微下击暴流的产生(或消亡)有很好的相关。当环境 θ_e 随高度的减小超过 20℃ 时,有利于产生湿微下击暴流;环境 θ_e 随高度的减小小于 13℃ 时,不产生湿微下击暴流。

　　弱垂直风切变条件下的湿微下击暴流常常与强脉冲风暴相伴随。在较强垂直风切变条件下,它也与组织结构完好的多单体风暴、飑线(特别是弓形回波)和超级单体风暴相伴发生,这些风暴均能够维持反复出现的灾害性外流风。图 5.40 给出了一个湿微下击暴流的图片。

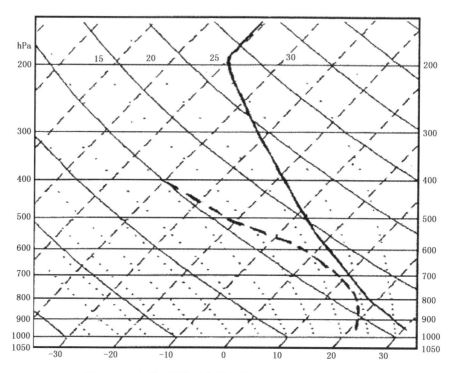

图 5.39　有利于湿微下击暴流产生的典型大气热力层结

图 5.40　湿微下击暴流图片(Doswell 拍摄)

5.3.2.3　下击暴流个例

1986 年在美国阿拉巴马州进行了微下击暴流与强风暴观测试验(MIST)。图 5.41 给出了 MIST 试验期间于 1986 年 7 月 20 日观测到的一个微下击暴流的生命史分析,该下击暴流根据所发生地点被称为 Monrovia 微下击暴流。观测数据来自 3 部地面多普勒天气雷达、1 部机载多普勒雷达和其他地面观测。图 5.41 给出了当地时间 1986 年 7 月 20 日 14 时 15 分 39 秒的下击暴流母体云图片,图片上叠加了 60 dBZ 以上的反射率因子区域和对流云中造成三体散射的大粒子的下沉速度。这些大粒子的下沉速度是 Fujita(1992)根据三体散射"火焰"回波的径向速度分布推断而得到的。对流云中间部分的收缩使得 Fujita(1992)认为该处有干空气的卷入。此时,下击暴流还没有着地,处于收缩阶段。

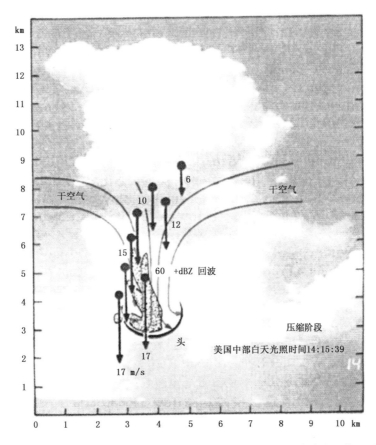

图 5.41　1986 年 7 月 20 日 14 时 15 分 39 秒 Monrovia 微下击暴流母体云照片
(图片上叠加了反射率因子大于 60 dBZ 的区域,云中造成强散射的大粒子的垂直速度和干空气的夹卷)

图 5.42 给出了 1986 年 7 月 20 日 Monrovia 微下击暴流造成的地面附近风场的演变,该下击暴流着地的时间是 14 时 20 分 15 秒。图 5.42a 相应的时刻为 14 时 20 分 10 秒,展示了 Monrovia 微下击暴流着地之前几秒钟由双多普勒雷达测得的逃逸气流,它的散度只有 $1.3 \times 10^{-3} s^{-1}$。图 5.42b 相应的时刻为 14 时 23 分 45 秒,即微下击暴流着地之后 3 分 30 秒,此时该微下击暴流的水平尺度约为 4 km,最大散度为 $3.8 \times 10^{-2} s^{-1}$。在这一阶段,下击暴流对飞机起落的威胁最大。图 5.42c 相应的时刻为 14 时 25 分 55 秒,即下击暴流着地之后 5 分 40 秒,最大散度值依然很大,但是出流风的水平尺度已经超过 4 km,微下击暴流变成了宏下击暴流。在 14 时 29 分 50 秒 (图 5.42d),即下击暴流着地后 9 分 35 秒,出流扩展到一个很大的区域,完全失去了下击暴流的组织性。

图 5.43 给出了一次下击暴流过程中沿最强下沉气流轴下沉气流的速度和沿最强辐散风

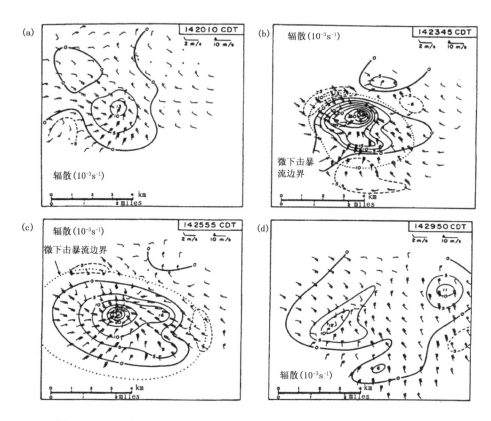

图 5.42　1986 年 7 月 20 日 Monrovia 微下击暴流造成的地面附近风场的演变

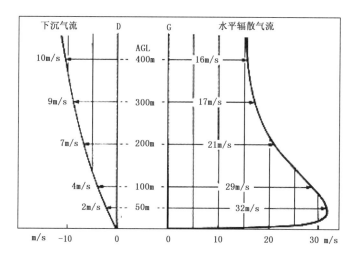

图 5.43　一次下击暴流过程中沿最强下沉气流轴下沉气流和沿着最强辐散风的
垂直轴辐散风大小从 400 m 高度往下到地面附近的分布

的垂直轴辐散风大小从 400 m 高度往下到地面附近的分布。由图可见,最强的辐散风出现在距地面 50 m 左右高度,这是很有代表性的,对于多数下击暴流,最强辐散风多出现在距地面 30~100 m 的高度。

　　2002 年 7 月 16 日 16 时 50 分至 18 时 15 分湖北荆州市区遭受强风暴袭击,持续时长 1 小时 25 分钟。据荆州地面观测站实测资料,在此时段内阵风风速极大值达 20.1 m·s⁻¹,一个多小时的降水量达 58.6 mm,为历史少见。对这次强风暴天气过程,荆州可移动式 C 波段多普勒天气雷达进行了严密监测,获得了较有价值的雷达回波资料。通过对这次风暴的分析发现,风暴产生了一次典型的湿微下击暴流。图 5.44 给出了本次湿微下击暴流两个时次的新一代天气雷达径向速度图和反射率因子图。16 时 50 分,1°仰角 PPI 反射率因子图上(图 5.44b),距离雷达站 8 km 的西南方向有一长度为 15 km 左右,宽 8 km 左右的强回波块,强度最大值达 46 dBZ,1°仰角在该处的高度约为 200 m。径向速度图上显示为典型的辐散型流场(图 5.44a),向着雷达的最大速度值为 12.4 m·s⁻¹,离开雷达的速度出现模糊,经过订正计算得到其值为 14 m·s⁻¹(该雷达的最大不模糊速度值为 12.4 m·s⁻¹),正负速度最大值中心距离为 2 km,速度差值为 25.4 m·s⁻¹。12 分钟以后,在 17 时 02 分的反射率因子图上(图 5.44d),与前一幅图相比较,强回波范围扩大,并出现明显的阵风锋(出流边界),该仰角上回波强度最大值为 44 dBZ。径向速度图上(图 5.44c),辐散型流场范围进一步扩大,速度模糊现象更为明显,且离开雷达速度区域范围大于向着雷达速度区域范围,经过退模糊订正后得到的离开雷达的最大速度值为 12.6 m·s⁻¹,向着雷达的最大速度值为 15 m·s⁻¹,正负速度最大值中心间距离为 5 km,已变为宏下击暴流。随后在 17 时 15 分,荆州地面观测到地面极大风速达 20.1 m·s⁻¹。

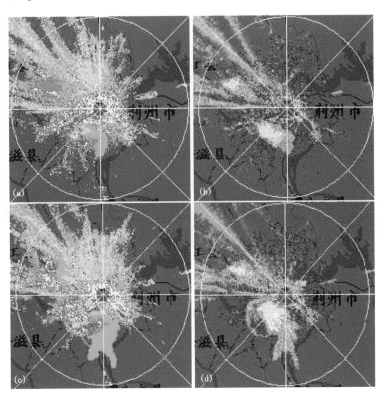

图 5.44　2002 年 7 月 16 日荆州湿微下击暴流的新一代天气雷达径向速度图和反射率因子图
雷达观测仰角为 1°,时间分别是 16:50(a、b)和 17:02(c、d)

5.3.2.4 下击暴流的预警

下击暴流的预警是非常困难的。当雷达观测到地面附近的辐散时,几乎已经无法提前发出警报。机场往往是在探测到微下击暴流已经发生后,才通知飞机等待微下击暴流消失之后再起降。Roberts 和 Wilson(1989)在研究了 31 个发生在美国科罗拉多州的微下击暴流及其相应的风暴后,发现下降的反射率因子核同时伴随雷暴云中某一高度处(3～7 km)或云底附近不断增加的径向辐合是重要的下击暴流预报线索;若同时伴有雷暴云的旋转和侧向入流槽口,则可以更加肯定地预报下击暴流,预报提前时间为 0～10 分钟。Smith(2004)研究了发生在美国佛罗里达、俄克拉何马、亚利桑那和科罗拉多州的下击暴流,得到的下击暴流预兆与Roberts 和 Wilson 发现的类似。这些预兆是:

(1)一个迅速下降的反射率因子核。

(2)强并且深厚的中层辐合(2～6 km)。

(3)产生下击暴流的反射率因子核往往开始出现在比其他雷暴单体核更高的高度。

上面三点是最重要的。其次还有两点:

(4)中层旋转。

(5)强烈的风暴顶辐散。

图 5.45 给出了一个具体的例子,左图的径向速度垂直剖面显示一个明显的中层辐合,伴随着反射率因子核心的下降(右图),随后不久地面出现下击暴流。

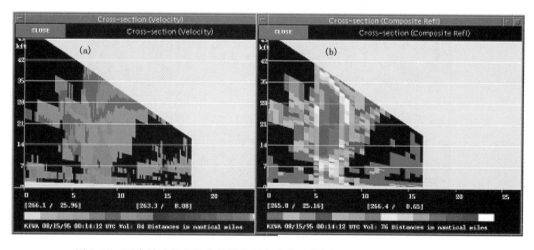

图 5.45 下击暴流发生前几分钟的径向速度垂直剖面(a)和反射率因子图(b)

5.3.3 中等到强垂直风切变条件下的雷暴大风

在强垂直风切变环境下,产生雷暴大风的对流风暴种类很多,尺度变化也很大(图 5.46)。产生雷暴大风的孤立风暴可以是超级单体(图 5.46a)。在超级单体风暴中,灾害性的地面大风通常发生在后侧下沉气流区(RFD)内,也是中气旋的出流区。多单体风暴也可以产生下击暴流,尤其是在中层湿度较低和相对风暴入流较大的情况下。弓形回波(bow echo)(图5.46b,c,d)是产生地面非龙卷风害的典型回波结构(Johns and Hirt,1987)。

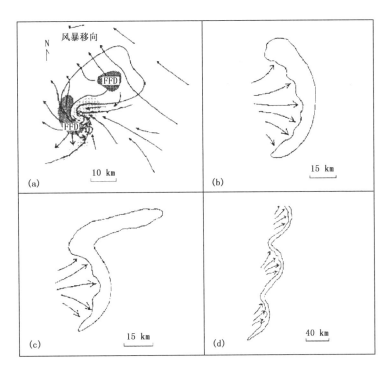

图 5.46　(a)超级单体流场示意图,显示前侧下沉气流和后侧下沉气流;(b)与相对大的弓形回波相伴随的下沉气流示意图;(c)与波状回波相伴随的下沉气流示意图;(d)含有弓形回波和波形回波的长飑线的下沉气流示意图(摘自 Lemon and Doswell,1979)

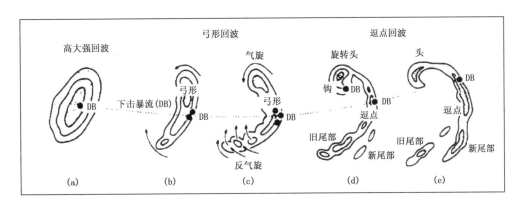

图 5.47　Fujita 1978 年提出的弓形回波演变概念模型

5.3.3.1　弓形回波

　　弓形回波的概念最早是由 Fujita 引入的,图 5.47 是 Fujita(1978)给出的弓形回波产生和发展的概念模型。开始时,系统是一个大而强的对流单体,该单体既可以是一个孤立的单体,也可以是一个尺度更大的飑线的一部分。当地面附近出现强风时,初始时的单体演变为弓形的由对流单体构成的线段,最强的地面风出现在弓形的顶点处。在它最强盛的阶段,弓形回波的中心形成一个矛头(图 5.47c)。在衰减阶段,系统常演变为逗点状回波(图 5.47d 和

5.47e),它前进方向的左端(北部)为回波较强的头部,那里常形成钩状回波,气流呈气旋式旋转,能产生中气旋或龙卷;前进方向的右端(南部)是伸展很长的尾部,气流呈反气旋式旋转。有的弓形回波在转变为逗点状回波之前已消失。

　　后来的观测和研究表明,弓形回波可以有很多形态和类型,其生成和演变方式也是多种多样的(Klimoski et al.,2004)。图5.48将弓形回波归纳为经典弓形回波(BE)、弓形回波复合体(BEC)、单体弓形回波(CBE)和飑线型弓形回波(SLBE)。事实上,图5.48a的弓形回波与图5.46b中的弓形回波对应,图5.48d包括了图5.46c,d中的两种弓形回波类型。大的弓形回波可能包含更加瞬变的更小的弓形回波。同时,大的弓形回波复合体可能含有超级单体。除了直线型风害外,这些镶嵌在弓形回波内的超级单体可以产生龙卷。

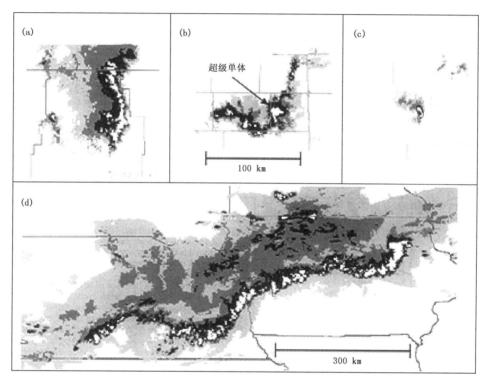

图5.48　(a)经典弓形回波(BE);(b)弓形回波复合体(BEC);(c)单体弓形回波(CBE);
(d)飑线型或线性波形弓形回波(SLBE 或 LEWP)(摘自 Klimoski et al.,2004)

　　Przybylinski 和 Decaire(1985)指出,弓形回波一般是一个比单个对流单体更大尺度的组织结构,有时超级单体会被包含在这个更大的组织结构中。目前,对于弓形回波的尺度还没有一个明确的说法,Fujita 认为其尺度一般在 40～120 km 之间,实际上弓形回波的尺度范围可能比这一尺度范围要广,从对流单体尺度到几百千米的中尺度对流系统都有可能。

　　如前所述,弓形回波或者单独出现,或者作为线性波状回波(LEWP)的一部分出现。LEWP 是指回波为正弦形式的波状飑线(图5.47c),当直线型飑线的一部分演变为弓形回波时,其两端所形成的气旋式/反气旋式切变往往导致原来的直线型飑线变成波状飑线 LEWP。图5.49给出了一次 LEWP 的实例。该 LEWP 包括两个弓形回波,相应于北面的弓形回波顶端,低层径向速度图上有一个尺度为 15 km 左右的气旋式辐散流场,表明可能存在下击暴流。

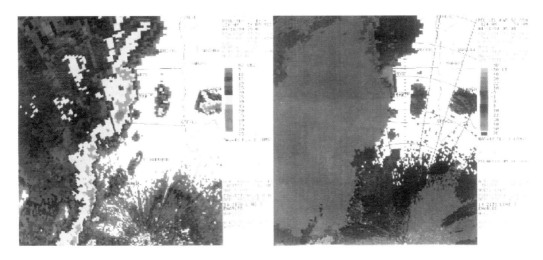

图 5.49　1994 年 6 月 14 日波状飑线 LEWP 实例

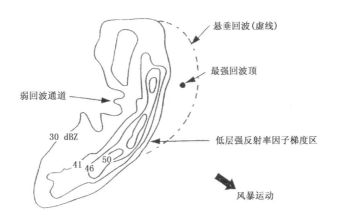

图 5.50　显著弓形回波的反射率因子特征

　　由于弓形回波的概念包括的范围很广,通常把下述反射率因子特征比较明显的弓形回波称为"显著弓形回波"(图 5.50)。这些反射率因子特征归纳如下:

　　(1)在弓形回波前沿(入流一侧)存在高反射率因子梯度区。

　　(2)在弓形回波的入流一侧存在 WER(早期阶段)。

　　(3)回波顶位于 WER 或高反射率因子梯度区之上。

　　(4)弓形回波的后侧存在弱回波通道或后侧入流槽口(RIN),表明存在强的下沉后侧入流急流。显著弓形回波意味着比普通弓形回波增加了灾害的潜势。

　　图 5.51 给出了 2002 年 4 月 3 日发生在湖南的一次弓形回波复合体的不同仰角反射率因子图。图中用双箭头标明同样的地点。从图中可看出,低层沿入流一侧(东侧)反射率因子具有很大梯度,低层具有弱回波区,中高层有回波悬垂,弓形回波后侧有弱回波通道,显示了明显的强烈对流天气结构。实况表明,3 日 20 时至 4 日 08 时雷雨大风、夹杂冰雹和暴雨袭击了湘北,据气象站资料统计,3 日 08 时至 4 日 08 时临澧、南县等 7 站降水量大于 50 mm,南县 104.8 mm,为最大,岳阳站 02 时 00 分出现了瞬时风速达 30 m·s^{-1}的 11 级大风。

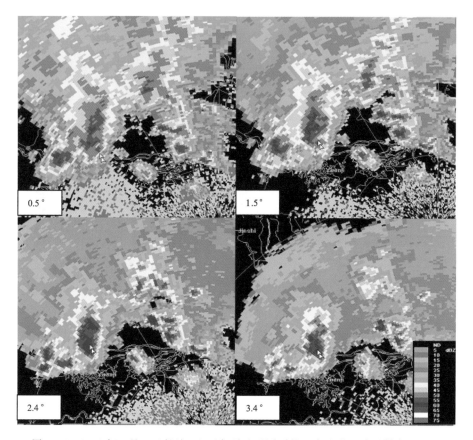

图 5.51　2002 年 4 月 3 日长沙 SA 天气雷达观测到的一次弓形回波反射率因子图

很多数值试验表明,显著弓形回波往往出现在层结不稳定性较强(例如 CAPE 值超过 2000 J·kg^{-1})和中等到强的垂直风切变(例如地面到 2.5 km 或 5 km 之间至少有 15~20 m ·s^{-1} 的垂直风切变)环境中。当垂直风切变局限于 0~2.5 km 的低层大气时,对模拟出强烈的弓形回波最为有利,更深厚的垂直风切变层倾向于产生更孤立的超级单体。在更弱的垂直风切变环境下,也能模拟出产生地面强风的弓形回波,这类弓形回波主要特征是后侧入流急流,其他特征如两端的涡旋等不明显。

5.3.3.2　中层径向辐合(MARC)

Przybylinski et al. (1995)识别了一个预示地面大风的与弓形回波、飑线或超级单体相联系的径向速度特征:中层径向辐合(MARC)。它被定义为一个对流风暴中层(通常 3~9 km)的集中的径向辐合区。MARC 特征被假定为代表前侧强上升气流和后侧入流急流之间的过渡区。如果在 3~7 km 的范围内速度差值达到 25~50 m·s^{-1},则 MARC 特征被认为是显著的。对 MARC 的研究表明,利用 MARC 预报地面大风的提前时间大约为 10~30 分钟。

图 5.52 给出了 2002 年 8 月 24 日发生在安徽的一次飑线过程的反射率因子图和垂直剖面以及径向速度垂直剖面,在径向速度垂直剖面上可见 4~7 km 之间存在一个明显的中层径向辐合 MARC。在这个例子中,它代表由前向后的强上升气流和后侧入流急流之间的过渡区,其中最大正负速度差值为 34 m·s^{-1}。此次飑线过程在安徽、江苏、上海和浙江产生了广

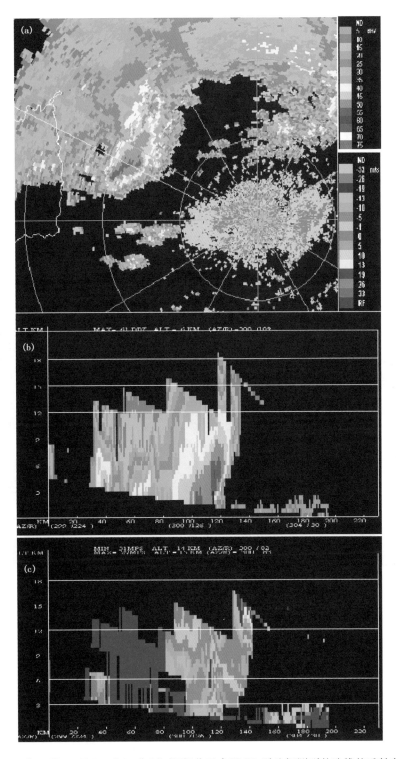

图 5.52 2002 年 8 月 24 日 13 时 10 分(北京时)位于合肥 SA 雷达探测到的飑线的反射率因子图(a)
和垂直剖面(b,沿 a 中黄线)以及径向速度垂直剖面(c)

泛的地面大风,并伴有局部暴雨和冰雹。对应图 5.52 时刻和位置的地面大风为 26 m·s⁻¹,此次飑线过程地面测站记录到的最大风速为 28 m·s⁻¹。

MARC 特征的意义在于,其位于对流层中层,当对流风暴距离雷达较远时(比如在 120 km 以外)就可以探测到,从而可以假定 MARC 对应的地面有大风,然后根据回波外推的未来移动方向判断未来什么地方会出现大风。

5.3.3.3　低层径向速度大值区

如果在低空(距地面 1 km 以内)径向速度出现 20 m·s⁻¹ 以上的大值区,则可以判断该区域的地面风也很大,而该低层径向风大值区未来移向的地区将会出现地面大风。对于 0.5° 最低仰角,在标准大气情况下,直到距离雷达 65 km 处,其波束中心到地面的距离不超过 1 km。也就是说,只有在对流风暴距雷达不超过 65 km 时,才可以根据其最低仰角径向速度的大值区判断地面有大风,再根据该大值区的移动推断地面雷暴大风区的移动。图 5.53 给出了 2009 年 6 月 3 日 22 时 03 分河南商丘发生的雷暴大风过程中 0.5° 仰角反射率因子图和径向速度图,图中黑色圆圈所框区域为一个径向速度达 +39 m·s⁻¹ 的大值区(主观退模糊后),其高度大约为 0.9 km,距离雷达 62 km,可以十分肯定地判定此时地面一定经历着极端的雷暴大风。

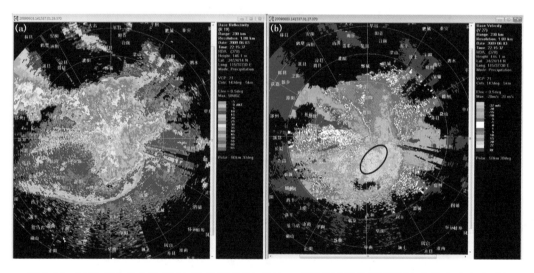

图 5.53　2009 年 6 月 3 日 22 时 03 分商丘 SA 雷达 0.5° 仰角反射率因子图(a)和径向速度(b)图

5.3.4　雷暴大风个例分析

5.3.4.1　2005 年 7 月 12 日山东飑线个例分析

(1)风暴概况

2005 年 7 月 12 日上午 08 时在山西河北交界处有 2 块积云生成,之后向东南方向移动,移动过程中不断有新的单体生成,形成一个多单体群。上午 10 时 30 分移至山东西部边界临清、高唐附近,最大反射率因子达到 62 dBZ,高度达 13 km,且伴有中气旋生成。11 时 30 分至 12 时在高唐、禹城形成降雹,禹城辛寨冰雹最大,约有核桃大小(30 mm)。12 时之后多单体逐渐变为有组织的排列,开始形成弧状前沿,13 时弧状前沿变得整齐,弧的中部逐渐向前突出形成弓形回波,经过济南时阵风达到 18.3 m·s^{-1}。13 时 30 分弓形回波前沿经过莱芜的方下镇、杨庄镇,风速达到 8 级以上,莱芜气象站的最大风速为 22 m·s^{-1},14 时 30 分沂源最大风速为 29.2 m·s^{-1}。图 5.54 是 2005 年 7 月 12 日 13—17 时 1 小时极大风速和弓形回波前沿位置图。15 时之后弓形回波南北方向扩展,风速逐渐减少,回波逐渐减弱,弓形回波逐渐转变为层状云降水回波。

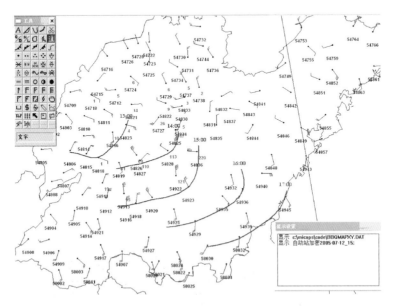

图 5.54　2005 年 7 月 12 日 13—17 时 1 小时极大风速和弓形回波前沿位置

（2）天气形势分析

2005 年 7 月 12 日 08 时,500～850 hPa 有明显的槽线,高空有干空气平流,低空有暖湿平流,地面低压槽自低压中心延伸至河北南部,与低压槽对应有明显的辐合线。7 月 12 日 08 时河北邢台和山东青岛探空曲线如图 5.55 所示,邢台的对流有效位能在 2000 J·kg^{-1} 左右,850～700 hPa 之间和 550 hPa 以上有明显干层,垂直风切变较弱。根据上述情况可以估计午后从河北南部开始可能有弱的飑线沿低压槽发展。青岛探空曲线（当天济南缺测）显示的对流有效位能较弱,但 600 hPa 以上干层很强,垂直风切变明显（500 hPa 风速为 16 m·s^{-1}）,再考虑到白天地面加温使对流有效位能增大,可以估计在河北南部触发的弱飑线移到山东后可能加强。

（3）典型的弓形回波特征

弓形回波形成后反射率强核逐渐前移到回波的前沿,其后部逐渐形成层状云降雨区,水平方向弓顶的北端,即弓形回波的头部（图 5.56a）反射率因子最强,弓形回波顶部的平均径向速度最大（图 5.56c）,该处出现速度模糊,主观订正后可以判断其最大值超过 39 m·s^{-1};垂直方向反射率因子在前沿出现很大的梯度,形成陡直的前沿,后边是较大范围的层状云降水回波（图 5.56b）。从径向速度垂直剖面图上可知,9 km 以上有强辐散,3～7 km 有强中层辐合,出现中层径向辐合是产生雷暴大风的主要特征。红色箭头表示风暴右前侧倾斜上升运动,蓝色箭头表示强下沉运动,前侧强上升气流和后侧下沉气流错开,互不妨碍又相互促进,这是风暴流场自组织的一种机制或自维持结构。正是这弓形回波顶部的大风造成了莱芜方下镇和杨庄

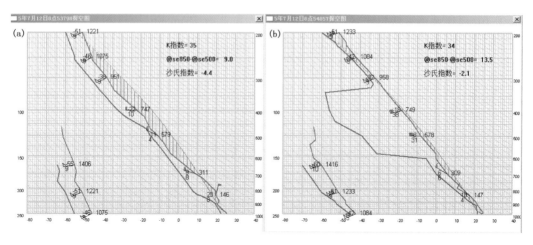

图 5.55　2005 年 7 月 12 日 08 时邢台(a)和青岛(b)探空曲线

镇 8 级以上的大风。弓形回波在经过济南、长清、泰安、莱芜、沂源时都造成了大风天气,济南龟山 12 时 58 分风速达 18.3 m · s^{-1},莱芜 14 时 30 分风速 22.4 m · s^{-1},沂源 15 时风速 29.3 m · s^{-1}。

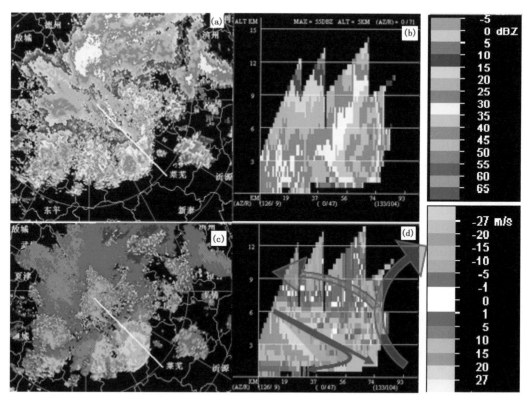

图 5.56　2005 年 7 月 12 日 13 时 39 分济南 SA 雷达 1.5°反射率因子图(a)、平均径向速度图(c)及其图中白线标示位置的垂直剖面图(b、d)

5.3.4.2　2009 年 6 月 3 日河南商丘雷暴大风个例分析

（1）风暴概况

2009 年 6 月 3 日 12 时至 4 日 05 时，山西、陕西中南部、河南东北部、山东西部、安徽和江苏北部共有 86 个测站出现 17 m·s⁻¹ 以上的雷暴大风，河南商丘的雷暴大风导致的灾害最为严重，宁陵、永城最大风速分别达 28.6 m·s⁻¹ 和 29.1 m·s⁻¹，均为有气象记录以来的历史极值。这场大范围风暴灾害造成了非常严重的人员伤亡和经济损失，仅河南省因灾死亡人数就达 24 人。

（2）天气形势分析

此次风暴过程发生前，6 月 3 日 08 时 500 hPa 我国东北和华北地区受东北冷涡控制，华北和中原地区的对流层中高层受槽后西北气流控制，风速达到 20 m·s⁻¹，这股强西北气流引导中层干冷空气从中高纬度南下到我国黄淮地区。温度槽落后于高度槽，有利于槽的东移加深。等温线与等高线的夹角较大，冷平流明显。850 hPa 图上可以看出，我国西北至黄淮一带为 ≥16℃ 的暖区，特别是河南存在温度 ≥20℃、温度露点差 ≥20℃ 的强干暖区。中层入侵的干冷空气叠加在低层暖空气上，使得我国西北至黄淮一带 850 hPa 与 500 hPa 的温度差 ≥30℃，表明此大范围地区内大气上冷下暖的结构非常明显，利于层结出现不稳定。这种形势属于槽后型，即强对流发生于 500 hPa 高空槽后、850 hPa 槽前，但是本次过程并没有低空急流出现，因此本次过程的大尺度背景场强度较弱，强对流的发展需要有强的中小尺度触发机制相伴随。

由 17 时地面图可知，商丘上游的山西和河南北部已经出现雷暴天气，风暴下沉气流导致的出流阵风产生了从鹤壁一直延伸到延津的近地层偏北风，与环境风场的偏南风相遇形成边界层辐合线，出流辐合线移动到水汽相对充沛处（露点温度 >12℃）触发了商丘风暴。

6 月 3 日 08 时郑州站的探空分析显示（图 5.57），850 hPa 以下温度露点差在 10℃ 左右，900～500 hPa 的温度露点差比较大，最大达 40℃ 以上，说明中层大气比低层干，形成上干下湿的不稳定层结。925 hPa 以下有逆温层存在，有利于不稳定能量的积聚。低层顺时针的风切变表明 850 hPa 以下有暖平流，中高层逆时针的风切变表明有冷平流。

因为探空资料是 08 时的，而对流多发生在下午，所以应该用预估的午后温度对探空资料进行订正。由 11 时地面观测资料可知，郑州站地面温度为 30℃，露点温度为 14℃。用这两个值对 08 时探空曲线进行订正，得到 CAPE 值为 1222 J·kg⁻¹，DCAPE（下沉有效位能）值为 1200 J·kg⁻¹。在这种情况下，一旦有外部强迫出现，对流就能够强烈发展，但由于层结比较干，不利于强降水的产生，DCAPE 值较大，产生地面大风的可能性增大。

（3）多普勒天气雷达资料分析

6 月 3 日 19 时在商丘雷达西北侧有块状回波出现，并发展比较强烈，所以主要分析这片雷达回波。20 时，该回波已经表现出人字形回波特征（图 5.58），西段超级单体风暴发展成回波强度 >65 dBZ、60 dBZ 回波范围达 150 km²、内嵌多个中气旋的 γ 中尺度超级单体风暴系统。东段超级单体风暴在 3.4° 仰角径向速度图上能分析出 8～9 个中尺度气旋性涡旋，利于整个单体的发展。对于整个风暴而言，中层辐合带有利于形成一致的地面阵风出流，加速了风暴向带状飑线发展。

21 时左右西段超级单体风暴约以 13 m·s⁻¹ 的速度向东偏南方向移动，东段超级单体风暴约以 9 m·s⁻¹ 的速度向南偏东方向移动，两者交角约为 30°（图 5.59a），移动过程中逐渐合并形成东北—西南走向的飑线（图 5.59b），且弓形回波结构逐渐明显（图 5.59c），从 21 时 45

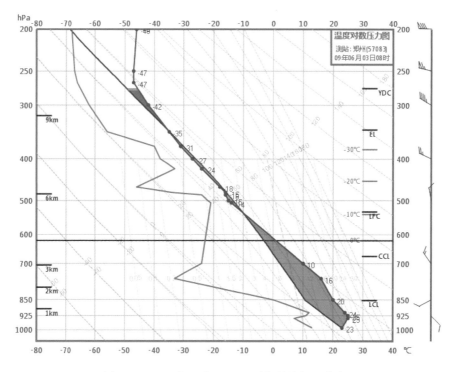

图 5.57　2009 年 6 月 3 日 08 时郑州站探空曲线

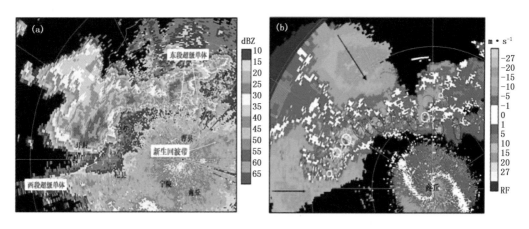

图 5.58　2009 年 6 月 3 日 20:01 商丘雷达 0.5°仰角反射率因子图(a)和
3.4°仰角径向速度图(b)(摘自王秀明等,2012)

分开始弓形回波维持超过 1 h。在飑线弓形回波中还出现更凸出的小弓形结构(图 5.59d),其后 30 分钟小弓形回波处出现断裂,永城极端地面大风发生在小弓形回波断裂处(图 5.59e,f)。研究表明,飑线断裂处往往是强对流天气容易发生的地方。从 3 日 21 时到 4 日 02 时,强飑线维持了近 5 h。4 日 02 时后暖湿气团明显减弱,风暴下沉气流导致的阵风出流逐渐切断整个风暴的暖湿入流,冷池周围逐渐形成方圆 300 km 的反气旋,风暴逐渐消亡。

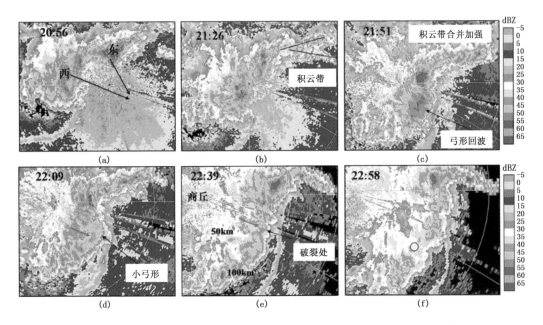

图 5.59　2009 年 6 月 3 日商丘弓形回波 0.5°仰角反射率因子演变(摘自王秀明等,2012)
(a) 20:56;(b) 21:26;(c) 21:51;(d) 22:09;(e) 22:39;(f) 22:58

5.4　短历时强降水的临近预报

对流性暴雨导致的暴洪是除了大冰雹、雷暴大风和龙卷之外的第四类强对流灾害天气,它是指强降水在短时间内(不超过 6 小时)造成的局地洪水。暴洪的产生取决于两方面的条件,一是短时间内较大的降水量,另一个是相应流域的水文条件,包括地形、盆地大小、地表类型、过去的降水情况等。本书主要讨论暴洪的气象方面的形成机制,即对流系统在短时间内(6 小时以内)造成的较大雨量——对流暴雨或短时强降水。

5.4.1　造成对流暴雨的主要因子

短时强降水是由相对较高的降水率持续相对较长时间而造成的。假定在地球上任何一点,R 是平均降水率,D 是降水持续时间,那么产生的总降水 P 可以表示为

$$P = RD \tag{5.2}$$

实际上,相对较高的降水率和相对较长的降水持续时间并没有一个明确的定量阈值。粗略地讲,降水率超过 20 mm·h^{-1} 即可以认为是比较高的,降水持续时间超过 1 小时就可以认为是比较长的。也就是说,20 mm·h^{-1} 和 1 小时分别为较高降水率和较长持续时间的下限。

从上面的讨论可知,发生短时强降水必须考虑的一个关键因素是高降水率的形成。由天气学的观点来看,降水是由湿空气抬升凝结产生的,在某一个地点的瞬时降水率 R 正比于垂直水汽通量 wq,w 是上升气流速度,q 是上升空气的比湿。这意味着,如果要形成高的降水率,上升气流需要具有高的水汽含量和迅速的上升速度。这里引出了降水效率的概念,降水效率 E 是降水率和输入水汽通量之间的比例系数:

$$R = Ewq \qquad (5.3)$$

图 5.60 表明,在某一个瞬时计算降水效率也许是零(在降水系统生命史的早期没有降水发生)或者无穷大(在一个正在衰减的降水系统中,输入水汽通量接近于零,降水仍然继续),因此降水效率应该理解为对降水天气系统生命史的时间平均。计算降水效率的最小单元是对流单体。如果一个降水系统包含许多对流单体,则每个个别单体的降水效率是不重要的,因为每个单体的降水效率在大的对流系统中变化很大。重要的是估计一般意义上的降水效率,也就是一个降水系统(可能包含很多对流单体)在其生命史期间的降水量和输入的水汽量之比。

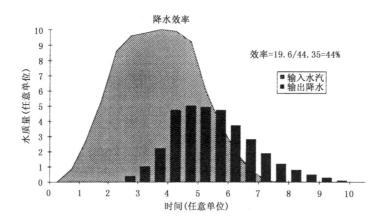

图 5.60　在一个降水天气系统生命史期间水汽输入(阴影区)和降水输出(垂直黑色方柱)随时间演变示意图。单位是任意的,因此,描述的系统可以是任何降水过程。图示可将降水过程划分为发展阶段(时间＝0～3 单位)、成熟阶段(时间＝3～6 单位)、消散阶段(时间＝6～10 单位)。本例中计算的降水效率为 44％(摘自 Doswell,1996)

根据云微物理理论,暖云的降水效率要高于冷云,降水系统中暖云层越厚,越有利于高降水效率的产生。依据造成降水的微物理过程可将一个产生暴洪的代表性探空曲线划分成几个子层:云下层、暖云层、混合相层、冰雹增长层(图 5.61)。暖云层厚度可以通过探空曲线进行分析,在抬升凝结高度(LCL)到融化层高度(大致为 0℃层的高度)之间的厚度可以作为暖云层厚度的估计。另外,中等强度的对流有效位能 CAPE(比如 1500～2000 J・kg^{-1})比极端的CAPE 更有利于高降水效率的形成,因为极端的 CAPE 会使气块加速通过暖云层,从而缩短了通过暖云过程形成降水的时间,导致大量水汽进入高层,促使冰晶和大冰雹的形成。

夹卷率也是影响降水效率的因子,因为将未饱和的空气带入云中会促进蒸发,降低降水率。环境空气的相对湿度越小,蒸发越强,降水效率越低。通常小的孤立的降水系统的夹卷率比大的降水系统大。另外,垂直风切变越大,蒸发也越大,降水效率越低。

因此,如果上述确定降水率的三个因素(E,w 和 q)中至少有一个数值大,另外两个中等,则强降水率 R 的潜势存在。如果降水持续较长时间,则存在暴雨的潜势。下面介绍如何从雷达回波中分析可能导致短时暴雨的线索。

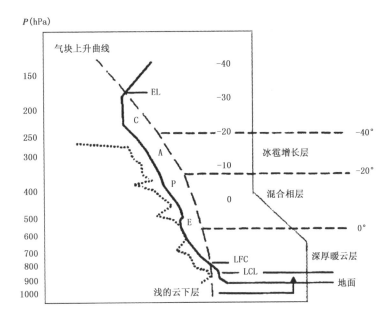

图 5.61　产生暴洪的代表性探空曲线划分层

5.4.2　天气雷达在对流性暴雨临近预报中的作用

5.4.2.1　雨强估计

雨强估计的基本原理是基于反射率因子和降水率之间的正相关关系,反射率因子越大,降水率就越大,但这个关系与降水类型密切相关。对流性降水可以粗略地划分为大陆强对流降水型和热带(海洋)降水型,如图 5.62 所示。大陆强对流降水型一般发生在垂直风切变较大和

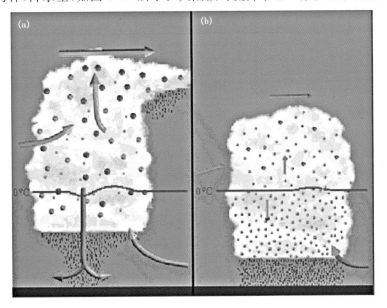

图 5.62　大陆强对流降水型(a)和热带(海洋)降水型(b)(Lemon 提供)

（或）中层有明显干空气的环境中，对流很深厚，强回波可以发展到较高高度，雷暴中大粒子较多（大雨滴、霰和冰雹），粒子数密度相对较稀，质心位置较高。热带降水型最典型的就是热带气旋，其对流结构表现为强回波主要集中在低层，雷暴中以雨滴为主，密度很大，质心位置较低。但是，热带降水型不只局限于热带气旋等起源于热带海洋上的对流系统，也有不少大陆起源的对流降水系统，例如多数的梅雨锋降水系统和大部分发生在盛夏的中高纬度对流降水系统，因其同样具有低质心的热带对流系统的结构，也都称为热带降水型。

建立反射率因子 Z 和降水率 R 之间的经验关系（Z 和 R 的单位分别是 $mm^6 \cdot m^{-3}$ 和 $mm \cdot h^{-1}$），在雷达测得降水回波的反射率因子后根据相应的经验公式求得降水率，对时间累加可以得到一段时间内的累积降水量。图 5.63 给出了大陆强对流降水型、热带降水型、层状云降雨和降雪的 $Z\text{-}R$ 关系曲线。具体的 $Z\text{-}R$ 关系为：

- 大陆强对流降水型　　$Z = 300R^{1.4}$ (5.4)
- 热带降水型　　　　　$Z = 230R^{1.25}$ (5.5)
- 层状云降水　　　　　$Z = 200R^{1.4}$ (5.6)

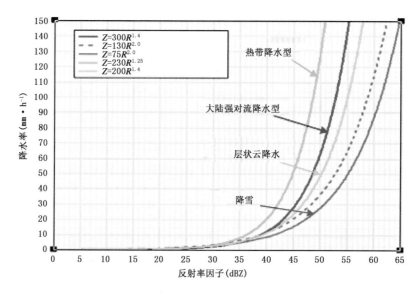

图 5.63　不同降水类型的 $Z\text{-}R$ 关系曲线

大陆强对流降水型 $Z\text{-}R$ 关系中的反射率因子 Z 的取值有个上限，其值在 $51 \sim 55$ dBZ 之间，通常取为 53 dBZ，主要是为了减轻冰雹的影响。需要指出的是，即便采取了限定上限的措施，也不可能完全消除冰雹的影响，因此对于大陆型强对流降水型来说，冰雹的存在仍然是其雨强估计的主要误差来源之一。另外，雨强估计要求反射率因子位于 0℃ 层亮带以下，亮带或亮带以上对应的是正在融化的雪花或冰粒，式(5.4)和(5.5)是不适用的。

表 5.2 给出了当反射率因子分别为 40 dBZ、45 dBZ 和 50 dBZ 时利用 $Z\text{-}R$ 关系估算的大陆强对流降水型和热带降水型的雨强。对于同样的反射率因子，大陆强对流降水型对应的雨强明显低于热带降水型的雨强，反射率因子越大，差异越大。40 dBZ 对应的雨强分别为 12 $mm \cdot h^{-1}$ 和 20 $mm \cdot h^{-1}$；45 dBZ 分别为 28 $mm \cdot h^{-1}$ 和 50 $mm \cdot h^{-1}$；50 dBZ 分别为 62 $mm \cdot h^{-1}$ 和 130 $mm \cdot h^{-1}$，相差了 1 倍多。

表 5.2　利用 **Z-R** 关系估算的大陆强对流降水型和热带降水型的雨强

	40 dBZ	45 dBZ	50 dBZ
大陆强对流降水型	12 mm $\cdot$ h^{-1}	28 mm $\cdot$ h^{-1}	62 mm $\cdot$ h^{-1}
热带降水型	20 mm $\cdot$ h^{-1}	50 mm $\cdot$ h^{-1}	130 mm $\cdot$ h^{-1}

　　除了上述 *Z-R* 关系误差和冰雹的影响外,保证雨强估计准确的另一个重要因素是雷达的标定,正确的雷达标定可以使测量的反射率因子的误差在 ± 2 dBZ 以内。检验雷达定标是否在合理范围内的一种方法是将雷达与周边同波长的雷达进行比较,对于同样一块回波,如果雷达之间的差异不超过 2 dBZ,则可以认为无问题,否则可能存在定标偏差。这种方法对于 S 波段雷达更适合,C 波段雷达由于降水衰减比较明显,这种对比方法必须十分小心谨慎。如果雨强在 40 mm $\cdot$ h^{-1} 左右,假定完全正确的 *Z-R* 关系并且没有其他误差,则可以保证雨强估计相对误差不超过 36%。也就是说,即便是一部运行正常的雷达,对于 40 mm $\cdot$ h^{-1} 左右的雨强,硬件方面的误差就可以导致 36% 的相对误差,再加上 *Z-R* 关系误差和其他误差,雨强估计相对误差在 50% 左右甚至更大是很正常的。如果雷达天线的位置降雨很大,则湿的天线罩也可以形成很强的衰减,造成反射率因子 *Z* 的测量误差。

　　图 5.64 分别给出了 2004 年 5 月 12 日桂林和 2006 年 7 月 30 日石家庄附近暴雨回波的反射率因子垂直剖面。桂林附近的对流降水回波属于热带降水型,其 45 dBZ 以上强回波都位于 6 km 以下高度,质心较低,低层最强回波在 45~50 dBZ 之间,估计其雨强在 50~130 mm $\cdot$ h^{-1} 之间,平均值为 90 mm $\cdot$ h^{-1}。石家庄附近的对流降水属于典型的大陆强对流降水型,50 dBZ 以上强回波向上扩展到 12 km,远远超过 -20℃ 等温线高度(8.3 km),60 dBZ 以上强回波也向上扩展到 9 km,呈现出高质心的雹暴结构,只是由于 0° 层高度较高(5.1 km),地面没有观测到明显的冰雹,其低层最强回波在 50~55 dBZ 之间,取平均值 53 dBZ,利用大陆强对流降水的 *Z-R* 关系式(5.4)可得到雨强为 105 mm $\cdot$ h^{-1}。

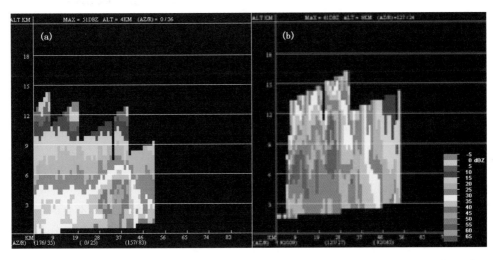

图 5.64　2004 年 5 月 12 日凌晨 5 时 53 分桂林 SB 雷达(a)和 2006 年 7 月 30 日 23 点 01 分石家庄 SA 雷达(b)观测到的暴雨回波反射率因子垂直剖面

5.4.2.2　低空急流的识别

　　暴雨产生的条件之一是要有充分的水汽供应,而低空急流是为暴雨输送水汽的通道。在降水已经开始的情况下,可以通过多普勒天气雷达径向速度图监视低空急流的变化(每 6 分钟可以更新一次),与其他条件相结合,可以判断降雨是否会继续。

　　图 5.65 给出了 2008 年 7 月 22 日发生在湖北襄阳的一场特大暴雨(9 小时累积雨量达300 mm)过程中位于襄阳东北偏北方向 110 km 的河南南阳 SB 多普勒天气雷达 1.5°仰角径向速度图(16 时),图中显示在雷达上空 0.5~1 km 之间存在一支 20 m·s⁻¹的超低空东北风急流。

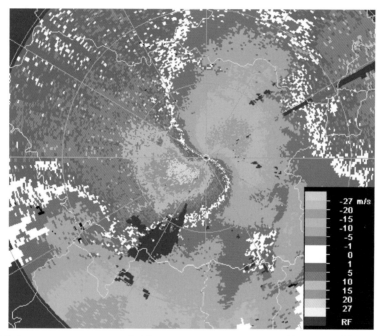

图 5.65　2008 年 7 月 22 日 16 时 00 分南阳 SB 雷达 1.5°仰角径向速度图

5.4.2.3　降水持续时间的估计

　　总降水量取决于降水率和降水持续时间。降水持续时间取决于降水系统的大小、移动速度以及系统走向与移动方向的夹角。假定降水系统的移动速度为 C_s,系统沿着其移动方向的尺度为 L_s,如图 5.66 所示,降水的持续时间可以表示为

$$D = L_s(|C_s|)^{-1} \tag{5.7}$$

如果要使降水持续时间较长,要求至少满足下列条件之一或者都满足:系统移动较慢;系统沿着雷达回波移动方向的强降水区域尺度较大。

　　一条对流雨带,如果其移动方向基本上与其走向垂直,则在任何点上都不会产生长持续的降水(图 5.67a),而同样的对流雨带如果其移动速度矢量平行于其走向的分量很大(图5.67b),则经过某一点需要更多的时间,导致更大的雨量。对流雨带后面带有大片层状云雨区的中尺度对流系统 MCS(图 5.67c)在对流雨带的强降水过后产生持续时间较长的中等雨强的层状云降水,进一步增加了雨量。在图 5.67d 中,对流雨带的移动速度矢量基本平行于其走向,使得对流雨带中的强降水单体依次经过同一地点,即所谓的“列车效应(train effect)”,产

生了最大的累积雨量(Doswell,1996)。

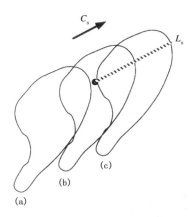

图 5.66　降水系统通过某一点时,其尺度概念的示意图。系统移动向量为
C_s,图中显示(a)系统刚刚遇到该点;(b)系统的一半移过该点;(c)系统正要离
开该点。对于图中所示的不对称系统,不同的地点将对应不同的 L_s 值,而同
样的地点,C_s 的不同取向也将产生不同的 L_s 值

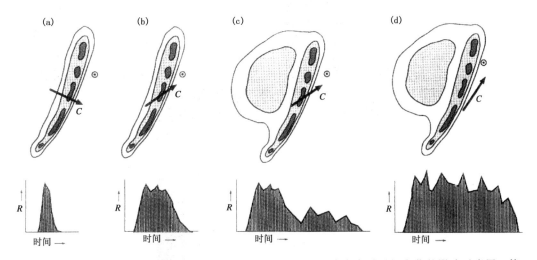

图 5.67　不同移动方向的不同类型的对流系统对于某一点上降水率随时间变化的影响示意图。等
值线和阴影区指示反射率因子的大小。(a)一个对流线通过该点的移动方向与对流线的取向垂直;
(b)对流线的移动向量在对流线的取向上有很大的投影;(c)对流线后部有一个中等雨强的层状雨
区,对流线移动方向和对流线去向的夹角与(b)同;(d)与(c)类似,只是对流线的移动向量在对流线
的取向上有更大的投影

　　列车效应并不局限于对流雨带移向平行于其走向的情况,只要有多个降水云团先后经过
同一地点,都会有列车效应,导致大的甚至极端的雨量。图 5.68 给出了 2004 年 5 月 12 日凌
晨桂林 SB 雷达观测的一次暴雨过程的雷达回波。该暴雨过程在阳朔产生了 12 小时超过 150
mm 的累积雨量,重要原因是有较强的对流雨团依次经过阳朔地区,由于列车效应导致极端的
雨量。由图 5.68a 可知,在 12 日凌晨 04 时 56 分,已经大致可以看出即将出现列车效应,且构
成列车的对流系统的回波强度普遍在 45~50 dBZ 之间,其反射率因子垂直结构见图 5.64a,

属于低质心的热带降水型,45～50 dBZ 反射率因子对应的降水率在 80 mm·h⁻¹左右,只要持续 2 小时以上就可达到 150 mm 以上的雨量。因此,判断列车效应是否可以发生的主要因素在于判断整个对流降水系统是否会持续。从图 5.68b 可发现,该对流系统强雨带前沿弯曲处对应一个中气旋,该中气旋的存在表明对流系统具有较高的组织程度,不会很快消散,因此可以大致判定列车效应会发生,可以提前数小时预警大暴雨的发生。到了 05 时 41 分就更加肯定会出现大暴雨,因为此时阳朔已经降水几十毫米,系统没有明显减弱(如图 5.68c),后面移过来的对流单体还会不断产生降水,如果 04 时 56 分由于种种原因没有发布暴雨预警,此时应毫不犹豫发布大暴雨警报,但提前时间比 04 时 56 分减少了 1 小时。列车效应是否会发生并不总像图 5.68 的例子那样相对容易判断,预报员需要研究本地列车效应的大量个例,在此基础上建立概念模型。

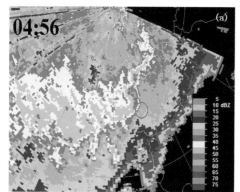
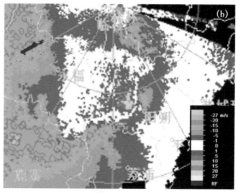
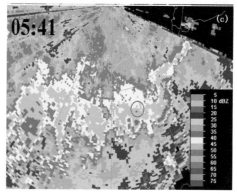

图 5.68　2004 年 5 月 12 日 04 时 56 分桂林 SB 雷达 1.5°仰角反射率因子图(a)和平均径向速度图(b),以及 05 时 41 分反射率因子图(c)(红色圆圈指示阳朔地区位置)

大雨量还可以在降水系统移动缓慢或静止不动的情形下产生。一种情况是对流层整层的环境风很弱,导致降水系统移动缓慢,只是这种情况并不多见。降水系统移动缓慢多数情况下是由于对流系统中单体的移动与传播相互抵消。具体来看,任何 β 中尺度(20～200 km)对流系统都可以看作是由大量对流单体构成的多单体风暴,其回波的"移动矢量"等于其中每个对流单体近似沿风暴承载层平均风的移动"平流矢量"和由于不断有新的单体在系统的某一侧生成形成的"传播矢量"之和,如图 5.69 所示,平流矢量 C_c 和传播矢量 P_s 几乎相互抵消,导致系统移动缓慢。如果传播矢量与平流矢量之间的夹角小于 90°,则系统的移动矢量绝对值超过平流矢量的绝对值,称该系统为前向传播系统。前向传播系统移动较快,不容易形成强降水。

如果传播矢量与平流矢量之间的夹角大于 90°,则系统的移动矢量绝对值小于平流矢量绝对值,称该系统为后向传播系统。后向传播系统的移动相对比较缓慢,容易导致强降水。需要指出的是,对于某些扩展较广的对流系统比如飑线,其中的一部分(一般是其中间部分)往往是前向传播,而另一部分(一般是其侧翼)可以是后向传播。

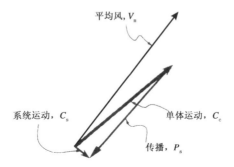

图 5.69　对流系统的移动矢量 $\boldsymbol{C}_s$ 等于平流矢量和传播矢量之和。单体移动导致的平流 $\boldsymbol{C}_c$ 与平均风 $\boldsymbol{V}_m$ 非常接近。在本图中,平流矢量 $\boldsymbol{C}_c$ 和传播 $\boldsymbol{P}_s$ 矢量几乎相互抵消,导致系统移动缓慢

判断对流降水系统中单体的移动方向和速度是相对简单的,因为单体基本上是随着平均气流 $\boldsymbol{V}_m$ 移动。预报传播对系统移动的贡献要困难得多。因此,在判断 β 中尺度对流系统的未来移动矢量时,最关键的是确定其传播矢量。Corfidi 等(1996)的工作表明,对于某些中尺度对流复合体(MCC),可以通过 850 hPa 低空急流确定其传播矢量。MCC 是产生暴雨的重要天气系统,MCC 通常是 α 中尺度的系统,但强降水通常是由其中的 β 中尺度单元(MBE)所产生的。图 5.70 给出了利用低空急流判断 β 中尺度单元 MBE 移动方向和速度的概念模型。MBE 的移动速度是平流速度向量和传播速度向量的矢量和,平流速度等于风暴承载层的平均风速,根据经验某些 MCC 的传播速度向量大约与低空急流的方向相反、大小相等。低空急流可以由多普勒天气雷达径向速度图得到,因此根据雷达回波可以推断降水中心 MBE 的移动。

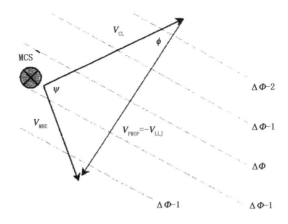

图 5.70　MCC 中 β 中尺度单元(MBE)移动的概念模型:MBE 的移动是风暴承载层平均气流 $\boldsymbol{V}_{CL}$ 和传播向量 $\boldsymbol{V}_{PROP}$ 的矢量和。假定 $\boldsymbol{V}_{PROP}$ 与低空急流 $\boldsymbol{V}_{LLJ}$ 大小相等,方向相反。虚线为 850~300 hPa 等厚度线(摘自 Corfidi et al. ,1996)

5.4.3　2007 年 8 月 6 日北京局地强降水个例

　　2007 年 8 月 6 日北京城区出现了一次局地短时强降水过程,造成北四环立交桥下大量积水,交通严重堵塞。图 5.71 分别给出了 2007 年 8 月 6 日 13—21 时 8 小时累积雨量分布和 8 月 6 日 15—16 时 1 小时累积雨量分布。本节主要关注黑框内主城区的主要降水,该降水区集中在海淀和朝阳区交界附近。在北四环附近的 8 小时累积雨量极值为 61 mm,主要降水时段集中在 14—16 时,而 15—16 时 1 小时累积雨量的极值为 57 mm。

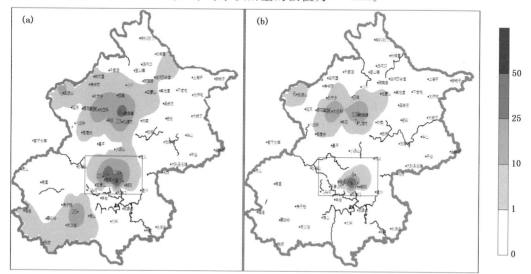

图 5.71　2007 年 8 月 6 日 13—21 时(a)和 15—16 时北京累积雨量(b)

5.4.3.1　天气背景

　　图 5.72 给出了 2007 年 8 月 6 日 08 时北京探空曲线。由探空曲线可以看出,北京上空具有不太大的对流有效位能(约 800 J·kg⁻¹),自由对流高度在 800 hPa 高度,垂直风切变较弱,整层相对湿度较高。如果当天有雷暴从外面移到北京,应该可以继续发展,如果局地的辐合抬升条件较好,也可以局地生成雷暴。由于当天是阴天,同时从天气形势判断平流过程很弱,估计随着时间推移对流有效位能不会有太大变化。根据 08 时和以前的观测资料,判断有可能在午后出现局地雷暴,除了雷阵雨,应该不会有太强烈的天气过程。

　　图 5.73 给出了 2007 年 8 月 6 日 10—12 时北京南郊观象台的对流层风廓线雷达的观测时间序列,一个非常明显的特征是从 10 时开始在地面到 3 km 高度有明显的垂直风切变,尤其是风向,从低层的东风迅速顺时针转变为 2 km 左右高度的西南风。另外,地面自动气象站网观测到在海淀区靠近朝阳区和中心城区的地区出现了明显的辐合(图 5.74)。问题是该辐合抬升是否足够强到触发雷暴,如果足够强需要多少时间才能使雷暴触发,这些问题的答案在很大程度上取决于预报员的经验。

5.4.3.2　雷达资料

　　分析雷达反射率因子图(图 5.75)可知,雷暴 13 时出现在海淀区,雷暴生成以后,预报员面临的问题是它会向什么方向移动。从风廓线资料判断此时风暴承载层平均风大约是 10 m·s⁻¹的西南风,故平流矢量指向西南;地面附近是东南风,即雷暴低层暖湿入流方向来自东

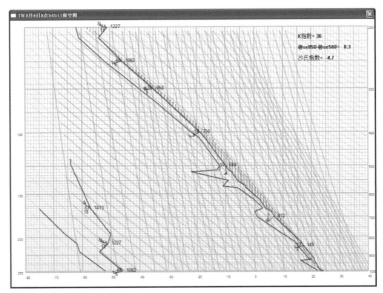

图 5.72　2007 年 8 月 6 日 08 时北京探空曲线

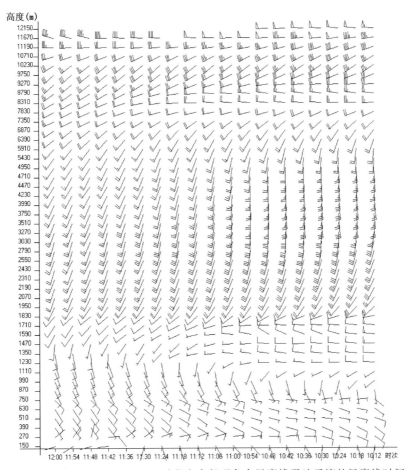

图 5.73　2007 年 8 月 6 日 10—12 时北京南郊观象台风廓线雷达反演的风廓线时间序列

图 5.74　2007 年 8 月 6 日 12 时北京地区自动站观测(虚线为辐合线)

南,其传播矢量指向东南,因此合成矢量应该是向东北或向东缓慢移动。接下来需要考虑的问题是雷暴是否会消散,如果很快消散,则不会形成暴雨;如果不消散并且移动缓慢,则很可能形成暴雨。实况表明,本次过程的多单体雷暴存在了 3 个多小时,其低仰角回波的演变情况如图5.75 所示,雷暴形成后,先是向东北缓慢移动,然后向东缓慢移动,在海淀和朝阳交界的区域附近相对长时间停滞(1 小时以上),导致该区域的暴雨。

　　判断可能会出现暴雨的另一个线索是,8 月 6 日 14 时 06 分前后在上述多单体雷暴中出现了中气旋,见图 5.76。中气旋的出现说明雷暴系统组织程度增加,会具有相对长的生命史,同时回波会发展到比较强,再考虑到单体平流速度和传播速度都不会太大,系统移动缓慢,因此在 14 时 24 分前后可以考虑发布局地暴雨预警。

　　事实上,上述雷暴系统在 14 时 20 分以后发展成一个小型超级单体风暴。超级单体风暴的潜势根据 08 时的探空资料和当时的观测资料很难估计到。上午 10 时以后,风廓线雷达显示 0~2 km 间风向迅速顺时针旋转,注意到这样一个细节可以使我们估计到可能出现中气旋和超级单体。

　　中气旋出现后,雷暴系统强烈发展,在雷达反射率因子图上出现了典型的雹暴特征,包括高悬的强回波(反射率因子核心区的极值为 69 dBZ)、弱回波区和回波悬垂,还有明显的三体散射长钉和旁瓣回波(图 5.77),表明高空的确有大的冰雹,因此需要考虑地面强冰雹的可能性。同时,由 08 时探空资料可知 0℃层高度大约为 4.4 km,高度适宜,应该发布强冰雹预警。实况虽有人目击到冰雹,但是冰雹直径不大,降雹范围也很小,目前尚不能解释地面没有出现强冰雹的原因。

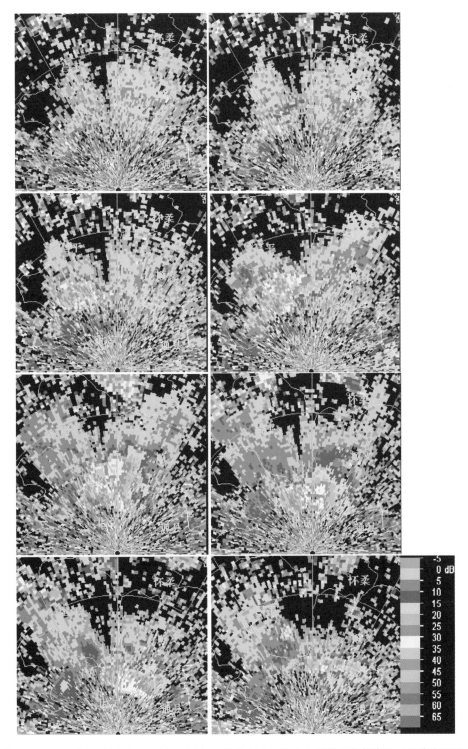

图 5.75　2007 年 8 月 6 日 13 时至 16 时 30 分北京 SA 雷达 0.5°仰角反射率因子的演变过程，
每幅图间隔 30 分钟

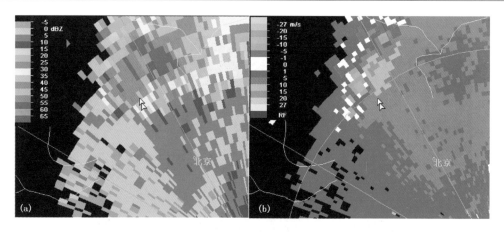

图 5.76　2007 年 8 月 6 日 14 时 24 分北京 SA 雷达 4.3°仰角反射率因子(a)和径向速度(b)图

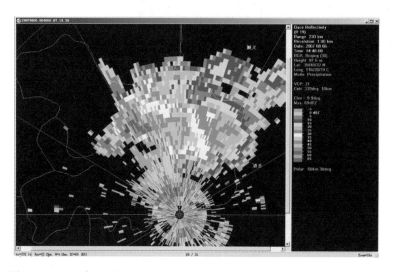

图 5.77　2007 年 8 月 6 日 14 时 48 分北京 SA 雷达 9.9°仰角反射率因子图

5.5　龙卷的天气雷达探测

　　龙卷是大气中最强烈的涡旋现象,它是从雷雨云底伸向地面或水面的一种范围很小而风力极大的强风涡旋。常发生于夏季的雷雨天气时,尤以下午至傍晚最为多见,影响范围虽小,但破坏力极大。龙卷伸展至地面时会引起强烈的旋风,这种旋风被称作"龙卷风"。

　　龙卷是对流云产生的破坏力极大的小尺度灾害性天气,最强龙卷的地面风速介于 110～200 m·s⁻¹ 之间。当有龙卷时,总有一条直径从几十米到几百米的漏斗状云柱从对流云云底盘旋而下,有的能伸达地面,在地面引起灾害性风的称为龙卷;有的未及地面或未在地面产生灾害性风的称为空中漏斗;有的伸达水面,称为水龙卷。龙卷漏斗云可有不同形状,有的是标准的漏斗状,有的呈圆柱状或圆锥状的一条细长绳索,有的呈粗而不稳定且与地面接触的黑云团,有的呈多个漏斗状。龙卷有时成对出现,这时两个龙卷的旋转方向相反,一个气旋式的,一个反气旋式的。绝大多数龙卷都是气旋式旋转,只有极少数龙卷是反气旋式旋转。

一般用 Fujita 等级或 Fujita-Pearson 等级来确定龙卷风的强度。表 5.3 给出了 Fujita 等级。

表 5.3　Fujita 龙卷等级

EF 等级	最大风速($m \cdot s^{-1}$)	最大风速($km \cdot h^{-1}$)	预期损害
EF0	29～38	105～137	轻微
EF1	39～49	138～177	中等
EF2	50～60	178～217	相当大
EF3	61～73	218～266	严重
EF4	74～89	267～322	巨大
EF5	$\geqslant 90$	$\geqslant 323$	难以想象

事实上,具体的风速是很难测量的,实际的龙卷分级是按照建筑物的损坏情况进行分级的。下面对 EF0 级到 EF5 级龙卷进行一定的文字描述:

· EF0 级(29～38 $m \cdot s^{-1}$):对烟囱会有一些损害,一些树枝被刮掉,树根浅的树可能被刮倒,指路牌被损坏。

· EF1 级(39～49 $m \cdot s^{-1}$):可以刮掉房屋屋顶的表面,将移动房屋刮离地基或侧翻,正在开动的汽车被推离公路。

· EF2 级(50～60 $m \cdot s^{-1}$):框架结构的屋顶被刮掉,移动房屋被摧毁,集装箱卡车侧翻,大树被折断或被连根拔起,轻的物体快速飞到空中。

· EF3 级(61～73 $m \cdot s^{-1}$):屋顶严重损坏,一些结构比较结实的房屋的墙被刮倒,火车被刮翻,森林里大多数树木被连根拔起,汽车被掀离地面并被抛到一定距离以外。

· EF4 级(74～89 $m \cdot s^{-1}$):较结实的房屋被夷平,一些房屋部件被抛到一定距离以外,汽车被抛到空中,一些大的物体高速飞入空中。

· EF5 级($\geqslant 90$ $m \cdot s^{-1}$):非常结实的房屋被推离地基并被带到相当距离之外碎成几块,汽车大小的物体以超过 100 $m \cdot s^{-1}$ 的速度被抛入空中,会发生难以置信的现象。

龙卷分为超级单体龙卷和非超级单体龙卷两类,大多数龙卷都是非超级单体龙卷。非超级单体龙卷以 EF0 和 EF1 级的弱龙卷居多,偶尔也会出现 EF2 级的强龙卷,EF2 级以上的强龙卷中大多数是由超级单体产生的。

5.5.1　有利于强龙卷产生的背景条件

强龙卷主要发生于春、夏两季,4—8 月较多,其中 7 月最多。强龙卷的发生季节与地域有关,南方地区通常多发于 4—5 月,江苏、安徽、河南和山东等地多发生于 7—8 月。一天中,强龙卷在任何时段均有可能发生,且在午后和傍晚的发生频次最高。

雷暴产生的三个要素(大气垂直层结不稳定、水汽条件和抬升触发)自然也是龙卷发生的必要条件。有研究表明(Evans and Doswell,2002),有利于 EF2 级以上强龙卷生成的两个有利条件是低的抬升凝结高度和较大的低层(0～1 km)垂直风切变。Craven and Brooks(2002)利用美国 1973—1993 年共 21 年的历史资料统计得到龙卷发生概率与 0～1 km 垂直风切变和抬升凝结高度之间的关系,发现 0～1 km 的垂直风切变越大,抬升凝结高度越低,则龙卷出现的可能性越大。

在我国江淮流域的梅雨期有时会有龙卷发生,通常与梅雨期的暴雨相伴。因为在梅雨期暴雨时,通常有较强的低空急流,较强的低空急流意味着较强的低层垂直风切变,抬升凝结高度也很低。这样,上述有利于龙卷的两个条件在梅雨期暴雨条件下常常可以满足,因此在梅雨期暴雨的形势下,还需要考虑到龙卷的可能性。2003 年 7 月 8 日夜间造成 16 人死亡的安徽无为 EF3 级龙卷和 2007 年 7 月 3 日下午造成 14 人死亡的安徽天长和江苏高邮 EF3 级龙卷就是发生在江淮梅雨期暴雨的环流形势下。另外一个常发生龙卷的情况是在登陆台风的外围螺旋雨带上,这里低层垂直风切变较大,抬升凝结高度很低,台风螺旋雨带上有时有中气旋生成,常常导致龙卷。2006 年 8 月 3 日台风"派比安"在广东登陆,第二天其外围螺旋雨带上形成的几个中气旋在珠江三角洲先后产生了 5 个龙卷,造成 9 人死亡。2007 年 8 月 18 日台风"帕布"在福建登陆后,其外围螺旋雨带上形成的中气旋在浙江温州苍南产生 EF3 级强烈龙卷,导致 11 人死亡。

5.5.2　龙卷的雷达探测和预警

发布龙卷临近警报的主要根据是径向速度图上识别出中等以上强度气旋。统计表明(Trapp et al.,2005),大约只有 26% 的中气旋能够产生龙卷。当观测到强中气旋时,龙卷出现的概率为 40%;当观测到中等以上强度中气旋,并且中气旋的底距地面不到 1 km 时,此时发生龙卷的概率超过 40%,中气旋的底距地面的距离越小,发生龙卷的危险越大。因此,发布龙卷临近预报和警报的标准是,探测到强中气旋或探测到中气旋的底距地面距离小于 1 km 的中等强度中气旋。下面给出三个达到强中气旋标准的超级单体风暴例子,其中两个产生了 EF3 级强烈龙卷,一个没有产生龙卷。

图 5.78 给出了 2003 年 7 月 8 日 23 时 12 分合肥雷达 0.5°仰角反射率因子图和径向速度图。图上反射率因子呈现不太典型的超级单体特征,没有明显的钩状或指状回波,径向速度图上呈现出强中气旋(俞小鼎等,2006),因此应该立即发布龙卷警报,此时距离龙卷发生时间还有 8 分钟。龙卷警报由于种种原因没有及时到达发生龙卷的安徽省无为县毕家庄。此次 EF3 级龙卷造成 16 人死亡,166 人受伤。

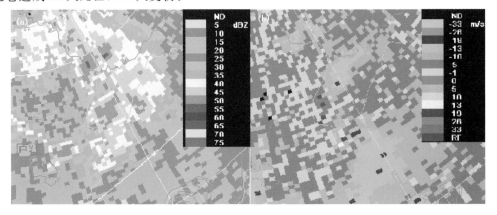

图 5.78　2003 年 7 月 8 日 23 时 12 分合肥 CINRAD-SA 雷达 0.5°仰角反射率因子(a)和径向速度(b)图

2005 年 7 月 30 日中午 11 时 38 分,在安徽灵璧县韦集镇发生 EF3 级龙卷,造成 15 人死亡,60 多人受伤,大量房屋倒塌。图 5.79 给出了 2005 年 7 月 30 日 11 时 02 分时徐州雷达

1.5°仰角反射率因子图和径向速度图。图上显示一个强降水超级单体(俞小鼎等,2008),速度图上的中气旋达到强中气旋标准,可以立即判断龙卷会沿着风暴未来路径附近生成(见图中叠加的风暴路径信息),提前 36 分钟发出了龙卷警报。

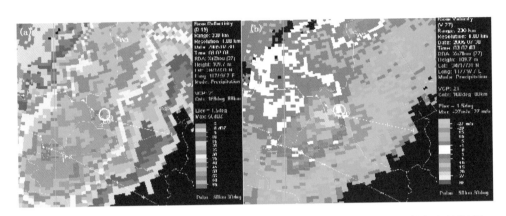

图 5.79　2005 年 7 月 30 日 11 时 02 分徐州雷达 1.5°仰角反射率因子(a)和径向速度(b)图
(图上叠加了风暴路径信息和中气旋产品)

图 5.80 为 2002 年 5 月 27 日 16 时 55 分合肥雷达 0.5°仰角反射率因子图和径向速度图。图上呈现经典的超级单体(郑媛媛等,2004),相应中气旋达到强中气旋标准。该超级单体产生了大冰雹和 30 m·s^{-1} 以上的大风,造成蚌埠市一千多间房屋倒塌,但没有发生龙卷。

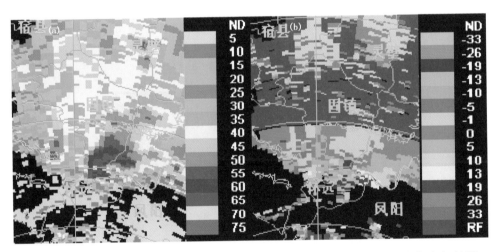

图 5.80　2002 年 5 月 27 日 16 时 55 分合肥雷达 0.5°仰角反射率因子(a)和径向速度(b)图

从到目前为止分析过的我国超级单体龙卷的十几个个例看来,的确是中气旋的底部越低,龙卷发生的概率越大。

除了超级单体龙卷,还有非超级单体龙卷,这些非超级单体龙卷的产生不与中气旋相联系。非超级单体龙卷中的一类产生于大气边界层中的辐合切变线上。当上升速度区与切变线上预先存在的涡度中心重合时,上升速度使涡管迅速伸长,导致旋转加快而形成龙卷。非超级单体龙卷的母气旋(通常称作微气旋 micro cyclone)一般局限于大气边界层内,因此,几乎不可能在 50 km 以外探测到。加之这种微气旋生命史很短,因此这种龙卷的预警相当困难。另一类非超级单体龙卷往往产生在飑线或弓形回波的前沿,其产生机制还不是很清楚,提前预警也比较困难。

龙卷除了通过中气旋进行识别和预警外,有时龙卷在产生前和发展过程中,还会出现所谓"龙卷式涡旋特征"的雷达回波特征(Brown and Lemon,1976),英文简写为 TVS。TVS 是一个比中气旋尺度更小、结构更紧密的小尺度涡旋,其直径一般在 1~2 km,在速度图上表现为像素到像素的很大的风切变。判定 TVS 有三个指标,包括切变(首要的)、垂直方向伸展以及持续性。切变在三个指标中最重要。切变指相邻方位角径向速度的方位(或像素到像素)切变值。由于处理的是像素到像素的切变,两者相隔的距离为一个距离库,为简单起见,距离库的尺度在一定的范围内可视为一个常量。因此,为了得到 TVS 切变,将使用速度差进行估算,速度差可以定义为相邻方位角沿方位方向的最大入流速度和最大出流速度的绝对值之和。方位切变指标值按不同距离段给出:若某相邻方位角之间的速度差≥45 m·s^{-1},距离 $R<60$ km;或速度差≥35 m·s^{-1},60 km≤距离 $R≤100$ km。如上面两个判据之一一旦满足,则认定为 TVS 的切变判据被满足。如果距雷达距离超过 100 km,则不识别 TVS。在超级单体风暴中,TVS 通常位于中气旋的中心附近,出现 TVS 的超级单体风暴特别是在 TVS 位置较低时伴随龙卷发生的比例很高,而在一些非超级单体龙卷风暴中,有时也会出现 TVS,但没有中气旋。当我们在低空识别一个 TVS 时,往往龙卷已经触地,因此其对龙卷的预警价值有限。图 5.81给出了 2003 年 7 月 8 日 23 时 29 分合肥雷达 0.5°仰角风暴相对径向速度图,从图上可以清楚地识别位于一个强烈中气旋中心的 TVS,此时龙卷正在进行之中。图 5.82 给出了 1988 年 6月 15 日发生在美国的两个非超级单体龙卷(T2 和 T3)照片以及相应的 0.5°仰角径向速度图和反射率因子图,从径向速度图上可以识别与龙卷 T2 和 T3 对应的两个 TVS。图 5.83 给出了 2016 年 6 月 23 日江苏阜宁 EF4 级龙卷的 0.5°仰角雷达反射率因子图和径向速度图,可见产生龙卷的超级单体呈明显的逗点状,径向速度图上可见 TVS。

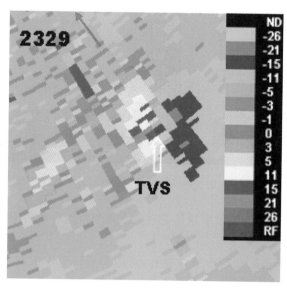

图 5.81　2003 年 7 月 8 日 23 时 29 分合肥雷达 0.5°仰角的风暴相对径向速度图

图 5.82　1988 年 6 月 15 日发生在美国的两个非超级单体龙卷(T2 和 T3)照片(a)以及
相应的 0.5°仰角径向速度(b)和反射率因子(c)图(J. Wilson 提供)

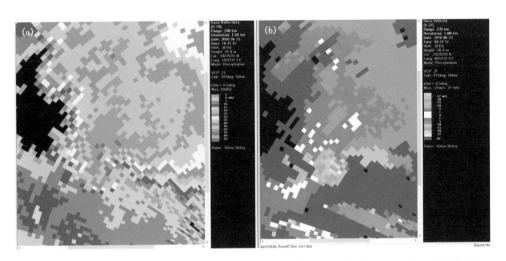

图 5.83　2016 年 7 月 23 日江苏阜宁 EF4 级龙卷 0.5°仰角反射率因子(a)和径向速度(b)图

5.6   复习思考题

1. 强对流天气的定义是什么？
2. 简述雷暴生成三要素。雷暴的抬升触发机制主要有哪些？
3. 叙述垂直风切变增强导致雷暴加强的主要原因。
4. 简述强冰雹产生的环境条件。
5. 简述强冰雹的雷达回波特征。
6. 有利于雷暴内产生强烈下沉气流的环境条件有哪些？
7. 简述下击暴流的定义及分类，并总结下击暴流的雷达回波特征。
8. 简述强垂直风切变条件下雷暴大风的雷达回波特征。
9. 造成对流暴雨的主要因子有哪些？
10. 简述利用天气雷达进行雨强估计的基本原理及局限性。
11. 什么是列车效应？它会产生怎样的影响？
12. 有利于龙卷产生的环境条件有哪些？什么是 TVS？

参考文献

范雯杰,俞小鼎,2015. 中国龙卷的时空分布特征[J]. 气象,**41**(7):793-805.

冯晋勤,俞小鼎,傅伟辉,等,2012. 2010 年福建一次早春强降雹超级单体风暴对比分析[J]. 高原气象,**31**(1):239-250.

郭艳,2007. 江西一次突发性局地强对流天气的雷达回波特征分析[J]. 气象与减灾研究,**30**(1):30-36.

郭艳,2010. 大冰雹指标 TBSS 在江西的应用研究[J]. 气象,**36**(8):40-46.

郭艳,彭义峰,2008. 江西局地强对流天气的多普勒天气雷达产品特征[J]. 气象与减灾研究,**31**(2):48-52.

郭艳,应冬梅,刘冬梅,2005. 江西"4·12"降雹过程的多普勒雷达资料分析[J]. 气象,**31**(11):47-51.

李柏,2011. 天气雷达及其应用[M]. 北京:气象出版社.

廖玉芳,俞小鼎,郭庆,2003. 一次强对流系列风暴个例的多普勒天气雷达资料分析[J]. 应用气象学报,**14**(06):656-662.

廖玉芳,俞小鼎,吴林林,等,2007. 强雹暴的雷达三体散射统计与个例分析[J]. 高原气象,**26**(04):812-820.

全国气象防灾减灾标准化技术委员会,2009. 新一代天气雷达选址规定:QX/T 100—2009 [S]. 北京:气象出版社.

全国气象仪器与观测方法标准化技术委员会,2015. 气象探测环境保护规范 天气雷达站:GB 31223—2014 [S]. 北京:中国标准出版社.

孙继松,何娜,王国荣,等,2012. "7·21"北京大暴雨系统的结构演变特征及成因初探[J]. 暴雨灾害,**31**(3):218-225.

王秀明,俞小鼎,周小刚,等,2012. "6·3"区域致灾雷暴大风形成及维持原因分析[J]. 高原气象,**31**(2):504-514.

许爱华,应冬梅,黄祖辉,2007. 江西两种典型强对流天气的雷达回波特征分析[J]. 气象与减灾研究,**30**(2):23-27.

应冬梅,许爱华,黄祖辉. 2007. 江西冰雹、大风与短时强降水的多普勒雷达产品的对比分析[J]. 气象,**33**(3):48-53.

俞小鼎,2008. 新一代天气雷达业务应用论文集[M]. 北京:气象出版社.

俞小鼎,王迎春,陈明轩,等,2005. 新一代天气雷达与强对流天气预警[J]. 高原气象,**24**(3):456-463.

俞小鼎,姚秀萍,熊廷南,等,2006. 多普勒天气雷达原理与业务应用[M]. 北京:气象出版社.

俞小鼎,郑媛媛,张爱民,等,2006. 一次强烈龙卷过程的多普勒天气雷达研究[J]. 高原气象,**25**:914-924.

俞小鼎,郑媛媛,廖玉芳,等. 2008. 一次伴随强烈龙卷的强降水超级单体风暴研究[J]. 大气科学,**32**(3):508-522.

俞小鼎,周小刚,Lemon L,Doswell C,等,2012. 强对流天气临近预报[M]. 北京:中国气象局培训中心(未正式出版).

张培昌,杜秉玉,戴铁丕,2001. 雷达气象学[M]. 北京:气象出版社.

郑媛媛,俞小鼎,方翔,等,2004. 一次典型超级单体风暴的多普勒天气雷达观测分析[J]. 气象学报,**62**(3):317-328.

Amburn S A, Wolf P L, 1997. VIL density as a hail indicator[J]. *Weather and Forecasting*, **12**(3):473-478.

Blackadar A K, 1957. Theoretical studies of diurnal wind-structure variations in the planetary boundary layer [J]. *Quarterly Journal of the Royal Meteorological Society*, **83**(358):486-500.

Brown R A and Lemon L R，1976. Single Doppler radar vortex recognition：Part II Tornadic vortex signatures. *Preprints*，*17th Conference On Radar Meteorology*. Boston：American Meteorological Society：104-109.

Browning K A，1964. Airflow and precipitation trajectories within severe local storms which travel to the right of the winds[J]. *Journal of the Atmospheric Sciences*，**21**(6)：634-639.

Browning K A，1977. The structure and mechanisms of hailstorms[C]//*Hail：A Review of Hail Science and Hail Suppression*. Boston：American Meteorological Society：1-47.

Byers H R，Braham Jr R R，1949. *The Thunderstorm*[M]. Washington D C：U S Government Printing Office：287pp.

Chisholm A J，Renick J H，1972. The kinematics of multicell and supercell Alberta hailstorms[J]. *Alberta Hail Studies*，**1**：72-2.

Corfidi S F，Meritt J H，Fritsch J M. 1996. Predicting the movement of mesoscale convective complexes[J]. *Weather and Forecasting*，**11**(1)：41-46.

Craven，J P and Brooks H E，2002. Baseline climatology of sounding derived parameters associated with deep moist convection. *Preprints*，*21th Conference On Local Severe Storms*. AMS，San Antonio，TX，642-650.

Doswell Ⅲ C A，Brooks H E，Maddox R A，1996. flash flood Forecasting：an ingredients-based methodology [J]. *Weather and Forecasting*，**11**(4)：560-581.

Doswell Ⅲ C A，Burgess D W. 1993. *Tornadoes and Tornadic Storms：A Review of Conceptual Models* [M]//The Tornado：Its Structure，Dynamics，Prediction，and Hazards. American Geophysical Union：161-172.

Doswell C A Ⅲ，1987. The distinction between large-scale and mesoscale contribution to severe convection：a case study example[J]. *Weather and Forecasting*，**2**(1)：3-16.

Doswell C A Ⅲ，2001. *Severe Convective Storms*[M]. Boston：American Meteorological Society.

Doviak R J and Zrnic D S，1984. *Doppler Radar and Weather Observations*. Academic Press，458pp.

Edwards R，Thompson R L. 1998. Nationwide comparisons of hail size with WSR-88D vertically integrated liquid water and derived thermodynamic sounding data[J]. *Weather and Forecasting*，**13**(2)：277-285.

Emanuel K A，1994. *Atmospheric Convection*[M]. New York：Oxford University Press：165-178.

Evans J S and Doswell C A，2002：Investigating derecho and supercell soundings. *Preprints*，*21th Conference On Local Severe Storms*. AMS，San Antonio，TX，635-638.

Fujita T T，1978. Manual of downburst identification for Project NIMROD[J]. SMRP Research Paper 156. University of Chicago，104pp.

Fujita T T，1985. The downburst[J]. SMRP Research Paper 210. University of Chicago，122pp.

Fujita T T，1992. The mystery of severe storms [J]. WRL Research Paper 239. University of Chicago，298pp.

Fujita T T and Byers H R，2009. Spearhead echo and downburst in the crash of an airliner[J]. *Monthly Weather Review*，**105**(2)：129-146.

Johns R H，1992. Severe local storms forecasting[J]. *Weather and Forecasting*，**7**(4)：588-612.

Johns R H and Doswell III C A，1992. Severe local storms forecasting[J]. *Weather and Forecasting*，**7**(4)：588-612.

Johns R H and Hirt W D，1987. Derechos：widespread convectively induced windstorms[J]. *Weather and Forecasting*，**2**(1)：32-49.

Klemp J B，1987. Dynamics of tornadic thunderstorms[J]. *Annual Review of Fluid Mechanics*，**19**(1)：369-

402.

Klimowski B A, Hjelmfelt M R, Bunkers M J, 2004. Radar observations of the early evolution of bow echoes [J]. *Weather and Forecasting*, **19**(4):727-734.

Lemon L R, 1977. *New Severe Thunderstorm Radar Identification Techniques and Warning Criteria: A Preliminary Report*[M]. US Department of Commerce, National Oceanic and Atmospheric Administration, National Weather Service.

Lemon L R, 1998. The radar "three-body scatter spike": an operational large-hail signature[J]. *Weather and Forecasting*, **13**(2):327-340.

Lemon L R and Doswell Ⅲ C A, 1979. Severe thunderstorm evolution and mesocyclone structure as related to tornado genesis[J]. *Monthly Weather Review*, **107**(9):1184-1197.

Lindzen R S and Tung K, 1976. Banded convective activity and ducted gravity waves[J]. *Monthly Weather Review*, **104**(12):1602-1617.

Moller A R, Doswell III C A, Foster M P, et al, 1994. The operational recognition of supercell thunderstorm environments and storm structures[J]. *Weather and Forecasting*, **9**(3): 327-347.

Przybylinski R W, 1995. The bow echo: observations, numerical simulations, and severe weather detection methods[J]. *Weather and Forecasting*, **10**(2):203-218.

Roberts R D and Wilson J W, 1989. A proposed microburst nowcasting procedure using single-Doppler Radar [J]. *Journal of Applied Meteorology*, **28**(4):285-303.

Rotunno R and Klemp J, 1985. On the rotation and propagation of simulated supercell thunderstorms[J]. *Journal of the Atmospheric Sciences*, **42**(3): 271-292.

Smith T M, Elmore K L, Dulin S A, 2004. A damaging downburst prediction and detection algorithm for the WSR-88D[J]. *Weather and Forecasting*, **19**(2):240.

Smull B F and Houze R A, 1985. A midlatitude squall line with a trailing region of stratiform rain: radar and satellite observations[J]. *Monthly Weather Review*, **113**(1):117-133.

Trapp R J, Stumpf G J, Manross K L, 2005. A reassessment of the percentage of tornadic mesocyclones[J]. *Weather and Forecasting*, **20**: 680-687.

Wakimoto R M, 1985. Forecasting dry microburst activity over the high plains[J]. *Monthly Weather Review*, **113**(7): 1131-1143.

Waldvogel A, Federer B, Grimm P, 1979. Criteria for the detection of hail cells[J]. *Journal of Applied Meteorology*, **18**(12):1521-1525.

Wilson J W, Weckwerth T M, Vivekanandan J, Wakinoto R M and Russell R W, 1994. Boundary layer clear-air radar echoes: origin of echoes and accuracy of derived winds[J]. *Journal of Atmospheric Oceanic Technology*, **11**: 1184-12063.

Witt A, 1998. An enhanced hail detection algorithm for the WSR-88D[J]. *Weather and Forecasting*, **13**(2): 286-303.

Witt A and Nelson S P, 1984. The relationship between upper-level divergent outflow magnitude as measured by Doppler radar and hailstorm intensity[J]. *Preprints, 22nd Conference on Radar Meteorology*. Boston: American Meteorology Society: 108-111.

附录A 常用名词索引

BE,bow-echo,弓形回波

BWER,bounded weak echo region,有界弱回波区(穹隆)

CAPE,convective available potential energy,对流有效位能

CAPPI ,constant altitude plan position indicator ,等高平面位置显示

CIN,convective inhibition,对流抑制

CINRAD,China new generation Doppler weather radar,新一代多普勒天气雷达

COTREC,cross-correlation extrapolation method ,交叉相关法

DCAPE,downdraft convective available potential energy,下沉对流有效位能

ET,echo tops,回波顶高

FTP,file transfer protocol,文件传输协议

HAD,hail detection algorithm,冰雹探测算法

HI,hail index,冰雹指数

HP,high precipitation,强降水

LCL,lifting condensation level,抬升凝结高度

LEWP,line echo wave pattern,线性回波波型

LFC,level of free convection,自由对流高度

LP,low precipitation,弱强降水

MARC,mid−altitude radial convergence,中层径向辐合

MBE,中尺度对流复合体(MCC)β中尺度单元

MCC,mesoscale convective complex,中尺度对流辐合体

MEHS,the maximum expected hail size,最大冰雹直径

MICAPS,meteorological information comprehensive analysis and process system,现代化
人机交互气象信息处理和天气预报制作系统

POH,probability of hail,冰雹概率

POSH,probability of severe hail,强冰雹概率

PPI,plan position indicator,平面显示器,是最常见的雷达显示方式

PRF,pulse recurrence frequency,脉冲重复频率

PRT,pulse recurrence time,脉冲重复周期

PUP,principal user processor,主用户终端子系统

RADAR,radio detection and ranging,雷达

RDASOT,radar data acquisition system operability test,天气雷达系统诊断工具软件

RDA,radar data acquisition,雷达数据采集子系统

RIN,rear inflow notch,后侧入流缺口

ROSE,radar operational software engineering,雷达业务软件工程

RPG,radar product generation,雷达产品生成子系统

SCIT,storm cell identification and tracking,风暴单体识别与跟踪

SRM,storm-relative mean radial velocity map,相对风暴的平均径向速度图

SWAN,severe weather automatic nowcasting,短时临近预报系统

TBSS,three-body scatter spike,三体散射长钉

TVS,tornado vortex signature,龙卷涡旋特征

UCP,unit control position,雷达控制台

VAD,velocity azimuth display,速度方位显示

VCP,volume cover pattern,体扫模式

VIL,vertically integrated liquid 垂直累积液态含水量

VWP,VAD wind profile,速度方位显示风廓线

WER,weak echo region,弱回波区

附录 B   SWAN 系统简介

短时临近预报系统（SWAN）主要侧重于短历时降水和强对流天气的临近预报（1 小时），兼顾一些常规灾害性天气现象的实时预测、报警。该系统在 MICAPS 平台基础上融合了数值模式产品和雷达、卫星、自动站等探测资料，具有实况数据、雷达拼图产品、单站雷达 PUP 产品、降水估测产品、COTREC 矢量场产品、反射率预报产品、降水预报产品、STM 风暴识别追踪与预报产品、TITAN 风暴产品、雷达特征量等各种预报产品和预报检验产品的处理生成与图形化界面显示功能，同时系统还能对监测区域的寒潮、大雾、大风、冰雹、高温、强阵雨（暴雨）、积冰、沙尘暴、积雪等灾害性天气进行自动报警，并支持预警信息制作与发布功能。SWAN 系统可以用来补充 MICAPS 在局地短时临近预报中的不足，实现基于实况天气信息的短时临近预报及灾害性天气监测预警。

B1   SWAN 和 MICAPS 的关系

SWAN 分为服务器和客户端两部分。SWAN 的服务器引入了 MICAPS 产品服务器的概念，按照定制的作业需求，生成耗时较长的产品。SWAN 的客户端是由 MICAPS 3.0 基础版加入短时临近模块构成的，即 MICAPS 3.0 基础版是 SWAN 客户端的基础。SWAN 的操作习惯和风格与 MICAPS 3.0 保持一致。

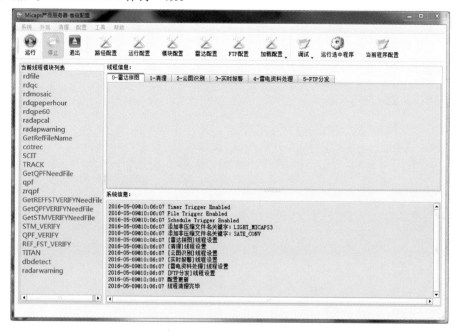

图 B1   SWAN 服务器端界面

相比于 MICAPS 3.0,SWAN 在以下三方面进行了扩展。一是资料处理的扩展,具有高频次、短间隔、多路并行的实时产品服务器平台,并且产品服务器可以通知客户端资料更新情况,实现可定制的自动更新和报警能力。二是资料交互和显示的扩展,针对短时临近产品在客户端以 MICAPS 3.0 模块的标准增加了对产品的显示和分析功能,并且可以实时监听服务器发来的产品消息,更新用户指定的产品。三是产品层次的扩展,SWAN 针对传统 MICAPS 产品进行了扩展,SWAN 产品具有实时要求高、频次高的特点,例如 SWAN 包含针对雷达基数据的 1 小时外推产品处理和显示,高频次的自动站、闪电观测的处理结果,卫星云图灾害天气潜在可能性分析等。

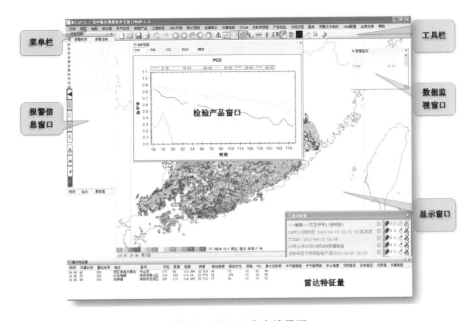

图 B2　SWAN 客户端界面

B2　SWAN 系统产品

SWAN 产品可以分为实况产品、分析产品、预报产品、检验产品四大类。实况产品包括多层 CAPPI 拼图(三维拼图),温度、降水、风、雾等实况资料,闪电定位资料等。

在实况产品的基础上,SWAN 通过服务器运算得到多种分析产品。例如,回波顶高产品拼图、组合反射率拼图、垂直累积液态水含量拼图、1 小时降水估测产品、TREC 风产品、对流云识别产品等。

SWAN 检验产品包括反射率预报检验、SCIT 风暴追踪检验、降水预报检验、降水估测检验、降水估测雨量站对比等。

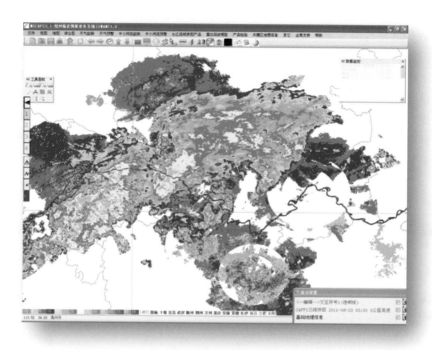

图 B3　三维拼图产品

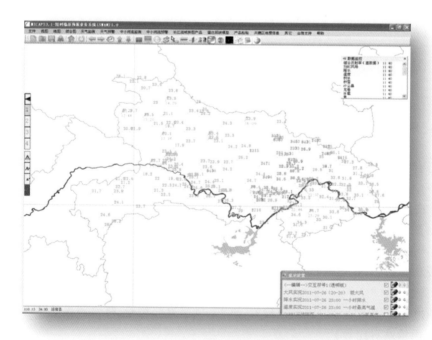

图 B4　温度、降水、风等实况资料

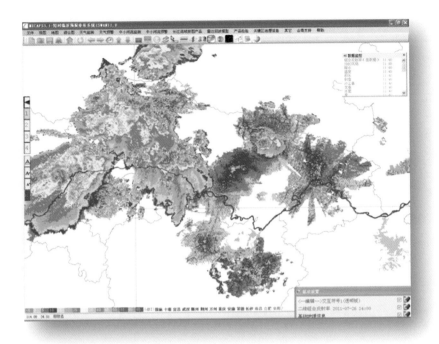

图 B5　组合反射率产品拼图

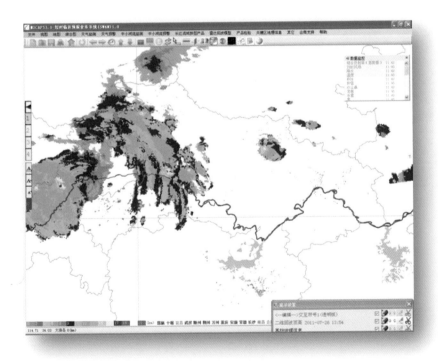

图 B6　回波顶高产品拼图

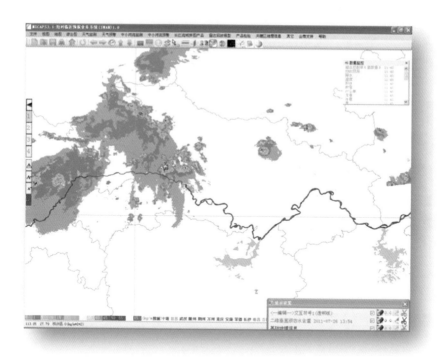

图 B7　垂直累积液态水含量拼图

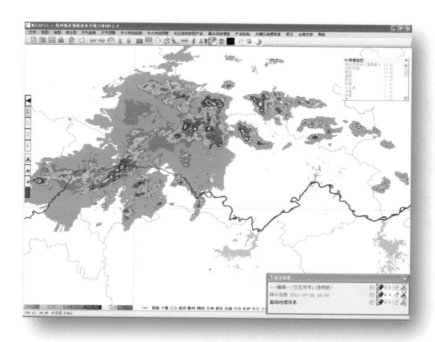

图 B8　估测降水产品

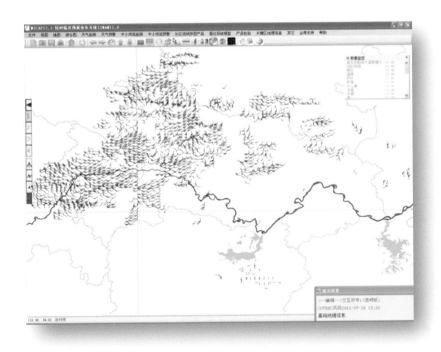

图 B9 TREC 风场

SWAN 预报产品包括 6 分钟、30 分钟、1 小时回波外推、1 小时降水预报、SCIT 风暴识别和追踪、TITAN 风暴识别和追踪等。

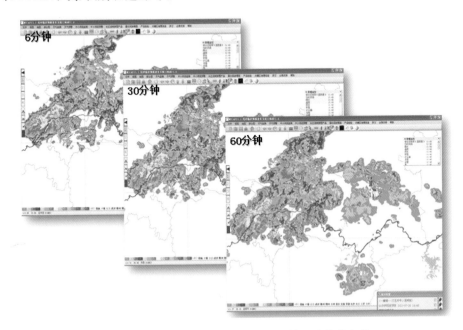

图 B10 SWAN 6 分钟、30 分钟、60 分钟回波外推产品

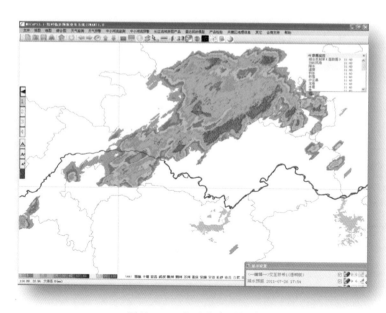

图 B11　1 小时降水预报产品

B3　产品报警

　　SWAN 通过设置,可以对温度、雨量、大风、能见度、积雪积冰、龙卷冰雹、雷达特征量、雷达强回波进行报警。报警的方式包括声音报警(警报声)、文字报警(在报警列表内显示提示信息)、图像报警(主窗口显示报警图标)。

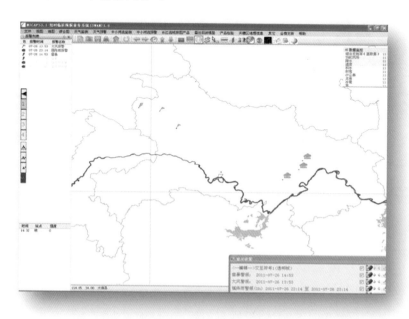

图 B12　报警示例

附录C ROSE软件简介

我国从1998年起开始建立中国新一代天气雷达网(CINRAD),为充分发挥其效益,提高雷达产品质量,进一步提高新一代天气雷达资料在天气预报和气象服务中的应用水平,2004年底中国气象局决定设立"新一代天气雷达建设业务软件系统开发项目",简称"雷达业务软件工程"或ROSE(radar operational software engineering的缩写)项目。ROSE软件是由我国自主研发的新一代天气雷达业务软件系统,建成后ROSE将取代现有雷达系统软件。它将是我国CINRAD业务雷达的通用软件平台,具有全新的软件架构,具备更高的稳定性和抗病毒能力。与以往雷达系统软件相比,ROSE具有更友好直观的系统界面,极大改善用户体验,新增基于基数据的质量控制算法,能自动退速度模糊,可消除地物/超折射、晴空回波、海浪回波、电磁干扰等多种杂波,大大改善数据质量,同时ROSE完善了雷达产品算法,新增数种产品算法,包括冰雹、阵风锋、大风区、边界层辐合线、逆风区识别等,能够更好地服务于天气分析。另外,ROSE具有更丰富的GIS信息及地形显示,更完善的数据分析功能。

2010年10月开发完成ROSE零版本。此后,2011—2015年,ROSE项目进入第二期建设,项目更名为"新一代天气雷达建设业务软件系统开发及应用",ROSE 1.0为新一代天气雷达建设业务软件系统的用户系统软件,其设计沿用了现有业务中广为熟知的软件组成概念,系统由三部分组成,即数据获取RDA、雷达产品生成系统RPG和雷达产品显示PUP。ROSE 1.0获取前端采样数据和状态信息,在质量控制的基础上生成雷达产品,并进行显示。RDA负责控制、监控、标定、信号处理、数据采集与存储;RPG负责生成应用产品、监控雷达状态、存储Z/V/W数据;PUP负责向RPG请求产品、显示产品、存储产品、发送产品。通过宽带通信系统负责实时发送状态数据,实时接收控制参数,监控通信状态。通过窄带通信系统负责实时接收和发送产品,分别连接RDA与RPG和RDA与SWAN,监控通信状态,保证数据的实时性、正确性和完整性。经过近5年业务试运行测试,2016年5月ROSE软件正式在河北、天津、山东、安徽、江苏、上海、福建等省(市)的30部SA型号雷达上开展业务运行。本节主要以ROSE 1.0版本为基础进行介绍。

1. ROSE系统界面

图C1是ROSE的监控界面,该界面能更加清晰直观地展示各子系统概况,增强的雷达实时连接和监控能力,能够实现与雷达的实时数据连接和状态监控。另外,在系统参数配置方面,ROSE对雷达站点、通信连接等站点相关参数的配置简单直接,更方便用户使用。

2. ROSE产品生成系统(ROSE RPG)

ROSE的雷达产品生成系统(ROSE RPG)是新一代天气雷达数据处理和气象算法的核心系统,它通过宽带通信线路从雷达数据采集系统实时接收基数据,根据用户的配置和请求运行各种气象产品算法,生成满足业务需求的气象产品,并通过窄带通信线路将产品传给终端用户。在满足现有天气雷达业务需求的基础上,ROSE RPG系统有很好的开放性和兼容性。它可以兼容处理新一代天气雷达不同波段和型号的数据(如CINRAD/SA,SB,CB等)。ROSE RPG的主要功

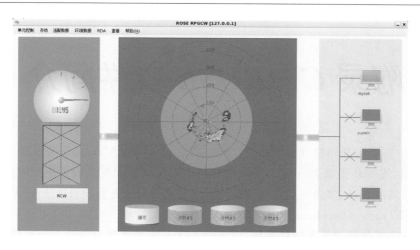

图 C1　ROSE 软件系统监控主界面

能包括实时数据通信功能、气象产品生成功能、气象产品分发功能、基数据存档和回放功能、软件状态监控和日志功能、雷达站点信息管理功能和气象算法适配数据管理功能。

3. ROSE 产品显示系统(ROSE PUP)

ROSE 的雷达产品显示系统(ROSE PUP)是天气雷达气象产品的显示、分析和应用终端,它通过窄带通信实时接收 ROSE RPG 生成的各种气象产品,以图形、图像、字符、动画等形式进行显示,供预报员对天气现象进行分析。ROSE PUP 以交互式的操作方式,融合地理信息系统,为天气预报人员和数据分析用户提供雷达产品精准的数值分析应用。ROSE PUP 的主要功能包括产品请求和接收、产品数据的存储和管理、产品显示、产品分析、产品动画、状态监视、产品编辑和注释、适配数据管理以及产品导入和导出功能。

4. ROSE 数据处理功能

为方便省级气象部门对区域内多部雷达数据同时进行分析和应用,ROSE 可支持多站基数据并行处理,并实现回放各种格式和命名的基数据,ROSE 系统提升了离线数据回放处理速度,可以完成基数据自动导入和回放处理,扩展了基数据的准实时应用方式。在数据输出方面,ROSE 系统内置雷达数据资料上传功能,能够将雷达状态和报警信息、雷达基数据、雷达产品文件进行实时业务化上传,并保证数据上传的正确性、稳定性和时效性。数据资料的上传采用 FTP 协议,数据格式和文件命名方式满足中国气象局对新一代天气雷达数据格式的要求。支持多种格式、不同尺寸的产品图片输出。

5. ROSE 系统产品显示

ROSE 系统具有产品预览功能,可方便预报员对存档的基数据进行回波查看和分析;实时剖面功能能够使预报员方便快捷且能对历史资料进行即时剖面。在地图显示方面,ROSE PUP 地图管理能够自适应所有新一代天气雷达站点,全国为统一的地图文件,可满足全国所有雷达的应用要求,提供了所有雷达站的经纬度列表,方便多站应用。ROSE 系统具有背景地形图功能,预报员可将回波叠加在地形地貌的底图上,可以针对山区、浅山区、平原结合其他资料进行更详细的预警预报服务工作。另外,在图像处理、光标联动、距离测量、鼠标取值等方面比现有业务系统改进明显。如 ROSE 系统的图像保存功能支持多种格式,并具备动画文件输出能力,大大方便了预报员利用雷达显示系统对雷达资料进行天气分析和演示。